Anine Crous
Heidi Abrahamse

Efeitos PBM da Lili em CSCs pulmonares isoladas

Anine Crous
Heidi Abrahamse

Efeitos PBM da Lili em CSCs pulmonares isoladas

ScienciaScripts

Imprint
Any brand names and product names mentioned in this book are subject to trademark, brand or patent protection and are trademarks or registered trademarks of their respective holders. The use of brand names, product names, common names, trade names, product descriptions etc. even without a particular marking in this work is in no way to be construed to mean that such names may be regarded as unrestricted in respect of trademark and brand protection legislation and could thus be used by anyone.

Cover image: www.ingimage.com

This book is a translation from the original published under ISBN 978-3-330-35159-2.

Publisher:
Sciencia Scripts
is a trademark of
Dodo Books Indian Ocean Ltd. and OmniScriptum S.R.L publishing group

120 High Road, East Finchley, London, N2 9ED, United Kingdom
Str. Armeneasca 28/1, office 1, Chisinau MD-2012, Republic of Moldova, Europe
Printed at: see last page
ISBN: 978-620-7-61791-3

ÍNDICE DE CONTEÚDOS

LISTA DE SÍMBOLOS

W	Watts
mW	Milliwats
W/cm^2	Milliwats per square centimetre
J	Joules
J/cm^2	Joules per square centimetre
cm^2	Centimetres squared
r^2	Beam spot size
m	Metre
h	Hour/s
min	Minute/s
µM	Micromoles
µl	Microlitre
ml	Milliltre
L	Litre
λ	Wavelength
n	Sample number

°C	Degrees centigrade
rpm	Revolutions per minute
mg	Milligrams
g	grams
nm	Nanometre
mm	Millimetre
µm	Micrometre
%	Percent
V	Volts
$<$	Less than
$>$	More than
P	Probability
A	Absorbance
=	Equal
π	Pi

CAPÍTULO 1

INTRODUÇÃO

1.1 Antecedentes

O cancro é uma patologia celular caracterizada por um crescimento celular irreprimível que conduz, evidentemente, à formação de tumores (Goldthwaite, 2006). As principais propriedades do cancro do pulmão são a metástase e o potencial de recidiva, o que o torna uma das principais causas de mortalidade por cancro a nível mundial (Tsao, 2013). As células estaminais cancerosas (CSC), que foram identificadas como residindo em tumores sólidos, são uma razão plausível para a recidiva, uma vez que contribuem para processos metastáticos que incluem a migração, opondo-se aos actuais tratamentos contra o cancro, e a resistência à morte celular em comparação com as taxas normais de morte celular (Croker, 2008). Pensa-se que as células estaminais normais (SCs) que sofreram várias mutações genéticas se transformam em CSCs (Goldthwaite, 2006), tendo características semelhantes, como a auto-renovação e o potencial de diferenciação (Croker, 2008). Como resultado do fracasso dos métodos de tratamento que não conseguem atingir as CSC (Naujokat, 2013), estão a ser investigadas terapias inovadoras, incluindo a irradiação laser de baixa intensidade (LILI), como aplicações terapêuticas (AL-Watban, 2011). A razão subjacente à implementação da LILI deve-se à evidência de que os fotões laser induzem uma modulação foto-bio que estimula uma quantidade significativa de efeitos biológicos celulares (Sommer, 2001), tendo resultados em que foi produzido um estímulo que aumenta a viabilidade e a proliferação celulares. Assim como estímulos que causam uma resposta regressiva de bio-modulação onde há uma geração de espécies reactivas de oxigénio (ROS) que são tóxicas para as células cancerígenas e que evidentemente levam à morte celular (Hamblin, 2008).

1.2 Descrição do problema

Apesar dos avanços terapêuticos, o potencial metastático do cancro do pulmão continua a ter um mau prognóstico (Manoto, 2012). Pensa-se que uma pequena subpopulação de células auto-renováveis, denominadas CSC ou células iniciadoras de tumores (TIC), é responsável pela génese dos tumores, o que sugere que o cancro do pulmão pode ser causado por estas células. As CSCs apresentam várias características semelhantes às SCs normais, sendo multipotentes e capazes de se auto-renovar (Rivera, 2011). A diferença significativa entre as SCs normais e as CSCs surge quando se observa a dependência do seu nicho de células estaminais. Este microambiente é constituído por um grupo de células situadas num local especial que mantém as SCs, ancora as SCs e o seu ambiente, produz factores extrínsecos que controlam a proliferação e a diferenciação-divisão das células estaminais (Li e Neaves, 2006). Em resultado da sua mutação genética, as CSC escapam a esta sinalização progressiva do nicho que controla a quiescência e a proliferação, tornando-as auto-suficientes. A génese dos tumores pode ocorrer quando há uma desregulação do nicho das CSC, levando a um crescimento descontrolado das células das CSC (Chepko, 2005). Verificou-se também que as CSC são capazes de criar metástases, são resistentes às metodologias de tratamento actuais, como a quimioterapia e a radioterapia, e são resistentes à morte celular (Croker e Allan, 2008). Uma terapia inovadora atualmente em investigação é a terapia fotodinâmica (PDT), que utiliza a ativação de um produto químico fotoquimioterapêutico por lasers emissores de luz de baixo nível. As razões para a investigação de novas terapias prendem-se com a necessidade de evitar que as terapias actuais não consigam rejeitar a recorrência do cancro e tenham efeitos secundários visíveis.

A LILI é uma terapia foto-bio-modulativa que utiliza luz laser coerente de baixa intensidade emitida num comprimento de onda específico. É utilizada a luz do espetro visível que consiste em luz vermelha e infravermelha próxima entre 600-1070 nm, também conhecida como a janela ótica onde a penetração efectiva nos tecidos é máxima. Esta luz é então utilizada para expor as células de interesse através de um modelo terapêutico, tendo um efeito bioestimulador ou bioinibidor (Huang, 2009). Um efeito foto-biológico é induzido pelo seguinte mecanismo. A penetração da luz provoca a estimulação dos cromóforos a nível mitocondrial, induzindo vários efeitos metabólicos, dependendo do comprimento de onda e da fluência utilizados (Karu, 1989).

A identificação de marcadores antigénicos é utilizada para isolar CSC específicas (Tirino, 2012). Diferentes SCs e CSCs podem ser identificadas e isoladas utilizando a Promonina 1 (CD 133), uma glicoproteína transmembranar pentaspan que é um antigénio de superfície (Salama, 2012; Ren, 2013). As CSC do pulmão foram previamente isoladas utilizando o marcador de superfície CD133 (Tirino, 2009), que também foi utilizado para realizar este estudo. As linhas celulares de controlo utilizadas foram a linha celular CaCo-2 (Caco-2, HTB-37™), que é uma célula contínua de células heterogéneas de adenocarcinoma colorrectal epitelial humano, que se verificou expressarem CD 133 (Ren, 2013). SKUT-1 (SKUT-1, HTB114™) é uma linha celular derivada de células de leiomiossarcoma do útero humano (SKUT1, 2015), estas células não expressam o marcador de superfície CD 133, uma vez que foram utilizadas como uma linha celular somática e contribuíram como linha celular de controlo negativo. As CSC isoladas do pulmão são tratadas com LILI em diferentes comprimentos de onda e fluências de 636 - 1060 nm e 5 - 40 J/cm^2 .

1.3 Objectivos

Este estudo teve como objetivo avaliar os efeitos bio-moduladores induzidos pelo LILI em CSCs pulmonares isoladas:

- Isolamento de CSCs pulmonares CD 133 positivos a partir de uma linha celular comercial de cancro do pulmão A549
- Caracterização de CSCs pulmonares isoladas utilizando a identificação do marcador de superfície CD 133 por anticorpos
- Irradiação de A549 CSCs isolados, crescidos em monocamada, utilizando comprimentos de onda de 636 nm, 825 nm e 1060 nm e fluências de 5 J/cm^2 , 10 J/cm^2 , 20 J/cm^2 e 40 J/cm^2 .
- Análise bioquímica de CSCs pulmonares irradiadas que inclui viabilidade, proliferação, morte celular e citotoxicidade.

CAPÍTULO 2

REVISÃO DA LITERATURA

2.1 Cancro

O cancro é uma doença patológica provocada por mutações nas funções dos genes que regulam o crescimento ou a morte e a reprodução das células. Distingue-se de outros processos de formação de tumores pela sua capacidade de invadir os tecidos circundantes. A génese dos tumores é alimentada pela acumulação sucessiva de mutações em genes-chave que permitem que as células que possuem esses genes mutados dominem as células vizinhas que funcionam normalmente, acabando por formar um tumor, uma vez que ultrapassa a regulação normal do crescimento celular, levando à evolução clonal (Martinez, 2003; Fayed, 2009).

As razões pelas quais o cancro é uma doença tão perigosa prendem-se com as características que apresenta, sendo capaz de proliferar indefinidamente sem envelhecer, o que leva evidentemente à formação de tumores. Além disso, as células cancerosas são capazes de metastizar para outras partes do corpo, levando à formação de tumores secundários. As células cancerosas deslocam-se através dos sistemas sanguíneo ou linfático. A sua auto-sustentação significa que são capazes de se deslocar para qualquer espaço do corpo e de se multiplicar. Isto deve-se à ativação de certas enzimas, especificamente a telomerase, que normalmente só está ativa nas células estaminais (Hernandez, 2010).

Os telómeros controlam a morte celular, encolhendo durante cada mitose até que as células acabam por morrer. Por conseguinte, as células cancerosas são capazes de evitar a morte celular através da regulação positiva da telomerase, uma vez que esta evita o encolhimento dos telómeros, impedindo o seu encurtamento e conduzindo a telómeros alongados. (Willeit et al., 2010). Além disso, a telomerase pode prevenir a senescência celular e a apoptose (Philippi et al., 2010).

De acordo com Hanahan, existem seis características fisiológicas principais que ditam o crescimento maligno (Figura 1).

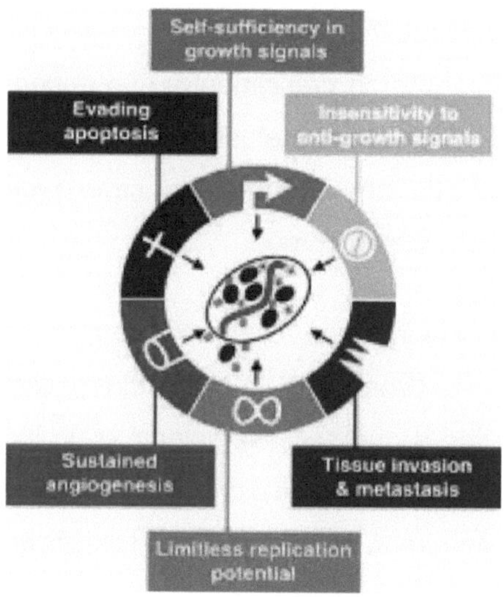

Figura 1. Características fisiológicas das células cancerosas (Hanahan e Weinberg, 2000).

Cada uma destas alterações fisiológicas, que são novas capacidades adquiridas durante o desenvolvimento do tumor, significa a quebra efectiva de uma maquinaria de resistência anticancerígena presente nas células e nos tecidos. Todos os tipos de tumores cancerosos partilham estas seis capacidades. Esta multiplicidade de defesas pode explicar porque é que o cancro é tão difícil de tratar (Hanahan, 2000).

2.1.1 Tipos de cancro

As células normais são geralmente classificadas de acordo com o tipo de órgão em que residem e com a sua função (Pienta, 2009). Por conseguinte, os cancros também são designados em conformidade. A maioria dos cancros é de origem epitelial e são designados por carcinomas ou adenocarcinomas. Embora as células cancerosas sigam o mesmo padrão de crescimento, não dependem do tipo de órgão, uma vez que podem metastizar, dando origem a cancros secundários, em que um determinado cancro de origem pode localizar-se noutra parte do corpo.

Sabe-se que a maioria dos cancros forma tumores, exceto a leucemia e o linfoma (Varricchio, 2004). A classificação dos cancros baseia-se no tecido a que se assemelham e no local primário, ou seja, a localização no corpo onde o cancro desenvolveu pela primeira vez a formação do tumor. Os cancros são classificados da seguinte forma:

- **Carcinoma**: são células de origem epitelial, que normalmente incluem a **mama, o cólon**, a **próstata** e o **pulmão**. Os carcinomas subdividem-se em adenocarcinoma e carcinoma escamoso.
- **Sarcomas**: são tumores constituídos por células mesenquimatosas e tecido conjuntivo. Encontram-se normalmente no **osso,**

formando uma massa dolorosa, e são geralmente detectados em adultos jovens.

- **Linfomas**: desenvolvem-se no sistema **linfático** como cancros sólidos

mas como podem residir noutros locais, são também designados por linfomas extra-nodais. As células de Reed-Sternberg diferenciam o linfoma de Hodgkin do linfoma não Hodgkin.

- **Leucemia**: afecta o tecido hematopoiético, provocando a formação de **sangue**

cancro. Este cancro desenvolve-se normalmente na medula óssea, o que leva a várias patologias imunitárias e sanguíneas, tais como baixa da imunidade, má coagulação sanguínea, fadiga devido à anemia e glóbulos brancos e vermelhos anormais.

- **Tumor de células germinativas**: afecta normalmente células com grande potencial de diferenciação que são células totipotentes. Afecta mais frequentemente as **gónadas**, ou seja, os **ovários** e os testículos nos adultos
- **Blastoma**: ocorre geralmente em células precursoras e é comummente encontrado em crianças (SEER training modules, 2015).

2.1.2 Cancro do pulmão

O cancro do pulmão é o desenvolvimento desenfreado de células pulmonares mutantes ou anormais que começam num ou em ambos os pulmões. As células envolvidas são normalmente as células que revestem as passagens de ar. Estas células mutantes dividem-se rapidamente, formando tumores sem que haja formação de células pulmonares normais (Crosta, 2015). Os pulmões são normalmente os reservatórios de oxigénio do corpo, fornecendo oxigénio a outras partes do corpo, enviando-o através da corrente sanguínea através dos glóbulos vermelhos. À medida que a formação do tumor progride, as numerosas células anormais começam a minar a função primária dos pulmões, impedindo-os de fornecer oxigénio à corrente sanguínea.

O cancro representa 13% de todas as mortes a nível mundial, com 7,6 milhões de mortes por ano. A distribuição das mortes por cancro é a seguinte, mostrando que o cancro do pulmão é a principal causa de morte por cancro em todo o mundo:

Cancro do pulmão - 1 370 000 mortes

Cancro do estômago - 736 000 mortes

Cancro do fígado - 695 000 mortes

Cancro colorrectal - 608 000 mortes

Cancro da mama - 458 000 mortes

Cancro do colo do útero - 275 000 mortes

A maioria dos cancros do pulmão não apresenta sintomas no início da doença, desenvolvendo-se apenas ao longo de vários anos e só quando os sintomas se manifestam é que os doentes procuram aconselhamento médico, o que pode ser demasiado tarde, uma vez que o cancro pode ter avançado. A faixa etária das pessoas que sofrem de cancro do pulmão é geralmente superior a 60 anos. O número de mulheres que sofrem de cancro do pulmão aumentou significativamente, prevendo-se um aumento exponencial nas próximas décadas. Este aumento é 35 vezes mais rápido do que o dos doentes de cancro do pulmão do sexo masculino. As mortes por cancro do pulmão nas mulheres atingirão 95.000 por ano em 2040, enquanto as mortes por cancro do pulmão nos homens aumentarão para 42.000 em 2040. Em 2014, o número de pessoas que vivem com cancro do pulmão terá duplicado em relação a 2010. À medida que as pessoas começam a ter uma vida útil mais longa, o risco de contrair cancro do pulmão aumenta (Sharma, 2015). Isto fará com que o cancro do pulmão seja a maior causa de morte relacionada com o cancro nos próximos 30 anos.

Pensa-se que os agentes causadores do cancro do pulmão são factores ambientais e mutações genéticas, especificamente no gene do fator de crescimento epidérmico (Crous, 2013). Os sintomas da doença pulmonar que por vezes se sobrepõem a sinais semelhantes aos do cancro do pulmão são a tosse excessiva, a dor e o desconforto no peito e a perda de peso. Embora os estudos tenham por vezes concluído que o cancro do pulmão metastático pode não apresentar sintomas. A radiografia, a tomografia computorizada (TC) ou a biópsia conformacional são as ferramentas de diagnóstico utilizadas na prática para identificar o cancro do pulmão (Crous, 2013).

Múltiplas alterações genéticas podem levar a anormalidades celulares, como potencial metastático, invasão de tecidos e proliferação descontrolada (Goldthwaite, 2006). Estas alterações ocorrem como resultado da sequência genética ou de modificações epigenéticas, em que as irregularidades se manifestam na ativação de genes e na expressão das proteínas para as quais estes sequenciam (Feinberg, 2006; Jones, 2007). O crescimento descontrolado das células que evidentemente conduzem à formação de tumores contém uma população celular heterogénea com várias funções e características celulares que contribuem para a formação do tumor (Goldthwaite, 2006).

O cancro do pulmão de células pequenas (CPPC) e o cancro do pulmão de células não pequenas (CPNPC) são os dois tipos de cancro do pulmão (Figura 2) que estão associados ao tabagismo. O CPPC, também designado por carcinoma de células de aveia, é considerado distinto do CPNPC devido às suas características, em que as células cancerosas parecem pequenas e do tipo grão. O CPPC é um cancro agressivo que, se não for tratado atempadamente, pode ser fatal, uma vez que se tem verificado que é altamente metastático (Winston, 2015).

Os três principais tipos de NSCLC são o carcinoma de células escamosas (epidermoide), o adenocarcinoma e o carcinoma de células grandes (indiferenciado). Todos eles diferem morfologicamente uns dos outros. Mas o tratamento e o prognóstico são frequentemente muito semelhantes. Todos se apresentam em doentes com história de tabagismo. O carcinoma de células escamosas são células planas que revestem o interior das vias respiratórias. As células do adenocarcinoma normalmente segregam muco, o que também é comum em não fumadores. Normalmente, encontra-se nas partes exteriores do pulmão e tende a crescer mais lentamente do que outros tipos de cancro do pulmão, o que facilita a sua deteção antes de se espalhar para fora dos pulmões. O carcinoma de grandes células é um cancro de crescimento rápido muito semelhante ao SCLC (American cancer society, 2015).

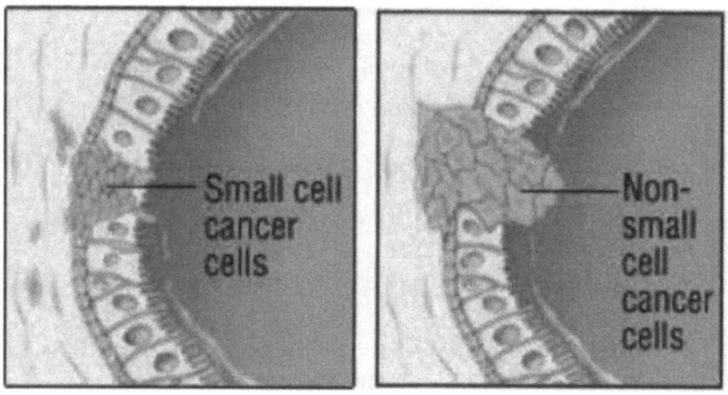

Figura 2. Os dois principais tipos de cancro do pulmão, o cancro do pulmão de células pequenas e o cancro do pulmão de células não pequenas (Patient education centre, 2016).

O CPPC é caracterizado por uma taxa de crescimento exponencial que conduz a um aumento da formação e do tamanho do tumor, sendo uma doença mais homogénea com capacidade de metastização. O prognóstico do CPPC continua a ser mau, embora se tenha verificado que é uma doença quimio-sensível. Os doentes com CPNPC representam 70% a 80% dos casos de cancro do pulmão.

A cirurgia é o tratamento primário da doença, exceto nos casos metastáticos. Apesar dos avanços no tratamento ao longo dos anos, a taxa de sobrevivência é inferior a 5 anos a partir do momento do diagnóstico em 15% dos doentes, mas 1% dos doentes metastáticos têm uma hipótese de sobrevivência. Para melhorar o prognóstico, a atenção deve ser desviada não só para a cessação do tabagismo, mas também para a deteção precoce e para uma investigação mais aprofundada que explore os aspectos genéticos do cancro do pulmão (Crous, 2013; Stupp, 2004).

2.1.3 Terapias actuais contra o cancro

As terapias actuais contra o cancro incluem a cirurgia, a quimioterapia, a radioterapia, a terapia hormonal, as terapias biológicas e os transplantes de medula óssea e de células estaminais. No entanto, as opções de tratamento dependem do tamanho do tumor, do grau das células cancerosas e do tipo e estádio do cancro.

Cirurgia: É quando uma grande parte do tecido é cortada do corpo. Pode ser efectuada no hospital, em regime de internamento, ou no consultório do médico ou em casa, em regime de ambulatório. O doente é normalmente submetido a uma anestesia local ou a uma anestesia geral. A cirurgia pode ser utilizada como tratamento principal, isoladamente ou em conjunto com outras opções terapêuticas. Para que a cirurgia possa ser utilizada isoladamente, o cancro tratado tem de estar confinado a um único local do corpo, sem metástases. Isto pode ser feito quando o tumor cancerígeno é diagnosticado numa fase inicial. A remoção do cancro implica a remoção do tumor na sua totalidade, juntamente com algum tecido normal, para garantir uma margem de ressecção completa. Alguns procedimentos, juntamente com a ressecção do tumor, removem os gânglios linfáticos que rodeiam o cancro para evitar a sua propagação. O tumor ressecado será então analisado para verificar se foi completamente removido, a natureza envolvida será diagnosticada para determinar se o doente necessita de terapia adjuvante como quimioterapia ou radioterapia (Cancer Research UK, 2014).

Quimioterapia: Utiliza um medicamento citotóxico para matar as células que se dividem rapidamente. As células normais do corpo não sofrem mitoses, a não ser que precisem de ser reparadas, enquanto as células cancerosas se dividem de forma incontrolável. O medicamento quimioterápico danifica o centro de controlo da divisão celular e interrompe os processos químicos envolvidos. A administração é feita por via intravenosa ou oral, o que ajuda o medicamento a chegar a todo o corpo. Uma vez que a quimioterapia afecta as células que se estão a dividir, geralmente apresenta efeitos secundários, pois danifica as células normais, como o cabelo, a medula óssea e a pele, uma vez que estas células estão constantemente a reparar-se e a dividir-se (Cancer Research UK, 2014).

Radioterapia: utiliza raios X de máquinas aceleradoras lineares que emitem electrões e protões. Em alternativa, é ingerido um líquido radioativo que é absorvido pelas células cancerígenas. O líquido radioativo é ingerido e absorvido pelas células cancerosas, danificando o seu ADN. Embora as células normais também sejam afectadas por este tratamento, têm tendência a reparar mais facilmente os danos. A radiação pode ser utilizada isoladamente ou como terapia adjuvante, juntamente com a cirurgia, para reduzir o tumor antes da ressecção (Cancer Research UK, 2014).

Terapia hormonal: As hormonas são substâncias produzidas pelo sistema endócrino, que são distribuídas através da corrente sanguínea. Actuam como mensageiros que controlam o crescimento e a atividade das células e dos tecidos.

Alguns cancros são sensíveis às hormonas, uma vez que necessitam delas para crescer. Esta terapia actua de forma a impedir que certas hormonas sejam produzidas e a impedir que as hormonas façam com que as células cancerígenas cresçam e se dividam. O controlo hormonal tem efeitos secundários, uma vez que o corpo necessita de uma apresentação hormonal óptima para funcionar normalmente (Cancer Research UK, 2014).

Terapia biológica: Actuam nos processos das células, impedindo-as de se dividirem e crescerem. Foram desenvolvidas terapias experimentais, mas não são adequadas para tratar todos os tipos de cancro. Normalmente, esta terapia envolve a utilização de substâncias produzidas pelo sistema imunitário do organismo ou de produtos naturais que ajudam o organismo a combater infecções e doenças (Cancer Research UK, 2014).

Transplantes de medula óssea e de células estaminais: são utilizados para tratar alguns tipos de leucemia ou linfoma e mieloma. Esta terapia funciona como uma terapia adjuvante juntamente com o tratamento de quimioterapia. Um doente que esteja a receber doses elevadas de quimioterapia será submetido a colheitas de células estaminais ou de medula óssea, quer do seu próprio corpo quer de um dador. Em seguida, recebe a dose elevada de quimioterapia que, evidentemente, mata a maior parte das células estaminais e da medula óssea, uma vez que são células que se dividem rapidamente, pois reparam/substituem as células sanguíneas regularmente. Depois de a quimioterapia ter matado todas ou a maioria das células cancerosas, as células estaminais e a medula óssea do doente são substituídas por células normais saudáveis (Cancer Research UK, 2014).

2.2 Células estaminais

As células estaminais (SCs) podem ser consideradas como a primeira linha de origem para o desenvolvimento celular. Têm várias capacidades e potencialidades, uma vez que são elas próprias não especializadas. Estas células têm a capacidade de se auto-renovarem e de se dividirem de uma forma pluripotente. As SCs geralmente sofrem autorrenovação como um mecanismo de reparo do corpo, dividindo-se assimetricamente quando há danos às células, dando origem a mais SCs e à célula diferenciada de interesse (Figura 3) (Mvula, 2008; Bethesda, 2015). Por definição, as SCs têm a capacidade de se autorrenovar continuamente, o que, ao fazê-lo, mantém o pool de SCs, pois dá origem a pelo menos uma célula-filha sempre que se divide, também chamada de divisão simétrica. Juntamente com uma célula-filha, as SCs produzem um grupo de células multilinhagem que inclui células progenitoras, precursoras e células terminalmente diferenciadas, denominadas divisão assimétrica (van der Kooy, 2000; Bethesda, 2015; Mantamadiotis, 2011).

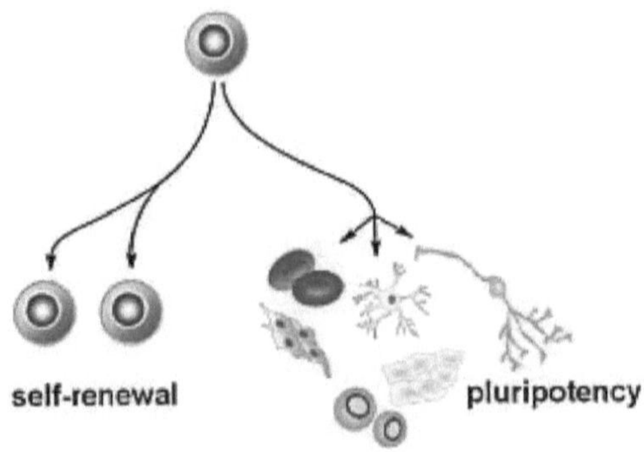

Figura 3. Divisão celular assimétrica de uma célula estaminal, dando origem a outra célula estaminal, bem como a células especializadas (Thomas e Pruszak, 2013).

As SCs têm várias classes diferentes. As células totipotentes são consideradas as mais importantes de todas. Desenvolvem-se quando um espermatozoide e um óvulo se fundem formando um zigoto. Os zigotos totipotentes são uma célula precursora que tem o potencial de dar origem a todas as células humanas. As células totipotentes começam a multiplicar-se logo após o desenvolvimento embrionário, passando por uma fase de maturação à medida que se dividem, dando origem a células estaminais pluripotentes. Assim, as duas principais características destas células são o facto de darem origem a qualquer tipo de célula especializada no corpo adulto e a replicação ilimitada sem perda de potência (Murnaghan, 2015).

As células pluripotentes são também designadas por verdadeiras SCs, uma vez que podem potencialmente desenvolver-se em quase todas as células do corpo (Figura 4). Enquanto se mantiverem na fase embrionária, têm um potencial ilimitado para se dividirem em qualquer célula, embora, uma vez retiradas da fase embrionária, o seu potencial diminua, podendo ainda proliferar exponencialmente, mas limitando-se apenas a células especializadas. As células pluripotentes que fazem parte do revestimento interno do blastocisto não se diferenciam em células importantes para o desenvolvimento fetal, como a placenta, mas sim em células especializadas do próprio corpo (Murnaghan, 2015).

As células totipotentes e pluripotentes são ambas células embrionárias e só podem ser isoladas a partir de tecido embrionário ou fetal. As SC multipotentes são células estaminais adultas. Normalmente, têm o potencial de se dividir exponencialmente, mas também estão limitadas à diferenciação de tipos especializados de células do corpo. Estas células residem num local especializado, dando origem aos seus tipos de células hospedeiras de tecidos. Estas células são as células reparadoras do corpo, substituindo as células mortas ou danificadas quando necessário. Um facto importante é que, devido ao seu potencial mitótico, as células que podem encontrar mutações ao longo das suas fases podem evoluir para células cancerosas (Kimball, 2011).

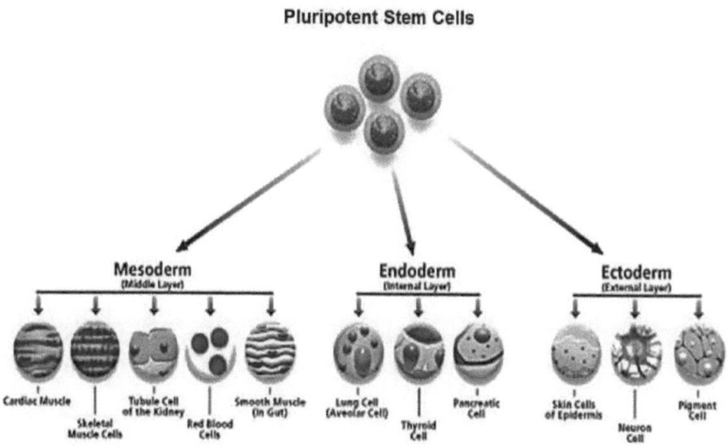

Figura 4. As diferentes classes de células estaminais com indicação do seu tipo de célula e do seu potencial **de diferenciação (Stem cell information, 2014).**

Devido às inúmeras capacidades que estas SCs apresentam e ao seu papel no desenvolvimento normal dos tecidos e das células, têm a capacidade de ser implementadas no tratamento de diferentes estados de doença. O papel central que desempenham na reparação celular, no crescimento e no desenvolvimento do cancro pode ser implementado no estudo do desenvolvimento de fármacos, da terapia das SC e de outros processos biológicos (Kochar, 2004).

2.2.1 Tipos de células estaminais

As SCs são normalmente classificadas de acordo com o seu local de origem. Apresentam-se quer no **embrião** quer no **adulto**, o que lhes confere propriedades diferentes.

2.2.1.1 Células estaminais embrionárias (ESCs)

As SCs embrionárias são capazes de produzir uma multilinhagem de células e tecidos no corpo, tendo o potencial de desempenhar um papel importante no domínio da engenharia de tecidos e da medicina regenerativa (Rippon, 2004). As SCs embrionárias foram descritas pela primeira vez na década de 1980 por Evans e Kaufman, onde células murinas isoladas da massa celular interna (ICM) do blastocisto foram cultivadas *in vivo*. Foi demonstrado que contribuem para todas as linhagens celulares e que se expandiram continuamente e se diferenciaram na endoderme, na ectoderme e na mesoderme, nas três camadas de células germinativas (Kleinsmith & Cochran 1964). As CTE podem ser cultivadas *in vitro a* partir de um ovo fertilizado. O blastocisto pode ser descrito como uma esfera que contacta com a camada exterior de trofoblasto que se diferenciará na placenta. A MCI, da qual derivam as CTE, diferencia-se no embrião e tem capacidades multilineares. Estas células podem ser proliferadas indefinidamente em cultura, mantendo-as no estado indiferenciado de CTE pluripotentes, cultivando-as numa camada de alimentação de fibroblastos embrionários murinos (MEF) (Figura 5) (Smith et al., 1988; Williams et al., 1988). Tem havido controvérsia relativamente à utilização de ESCs humanas (De Wert & Mummery 2003).

A forma convencional de colheita de CTE envolvia a utilização de esperma de um dador e de um óvulo, que era depois fundido para produzir um embrião fertilizado que seria depois implantado para fertilização *in vitro*. Os embriões criados em excesso seriam depois destruídos ou congelados e armazenados para utilização futura, dependendo dos dadores. Em alternativa, as CTE podem ser derivadas da transferência nuclear somática, em que a célula somática é implantada num oócito enucleado, conduzindo ao desenvolvimento normal de células embrionárias (Campbell et al., 1996). As CTE humanas diferem das células murinas pelo seguinte: crescem mais lentamente, formam colónias planas de células e são mais facilmente dissociadas em células individuais (Laslett et al., 2003).

Apesar de todo o grande potencial das CTE humanas, a sua utilização é limitada por leis éticas que proíbem a utilização de células humanas. Por conseguinte, têm sido utilizadas outras espécies para produzir CTE, com as quais se realizam várias experiências, mas infelizmente não é possível utilizar estas células para testes em seres humanos, uma vez que provocam uma reação imunitária imediata, já que o espécime implantado é de natureza estranha. Por conseguinte, a ciência passou a utilizar células estaminais adultas para experiências.

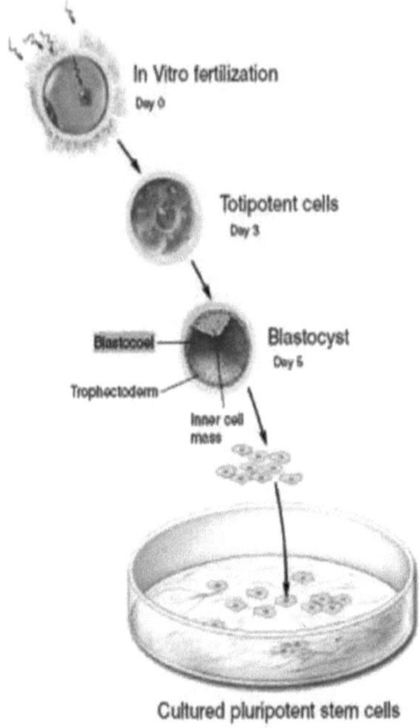

Figura 5. Cultivo de células estaminais embrionárias em cultura utilizando um óvulo fertilizado in vitro e colhendo-as a partir da massa celular interna do blastocisto (Yu e Thomson, 2010).

2.2.1.2 Células estaminais adultas (ASCs)

Devido a considerações éticas relativas à utilização de CTE, os cientistas avançaram para a utilização de ASC. Pensa-se que estas têm um grande potencial de plasticidade, semelhante ao das CTE ou mesmo superior. Isto deve-se ao facto de poderem dar origem a células de várias linhagens, ou seja, não só a sua linhagem específica de células tecidulares, mas também outras linhagens de células tecidulares maduras nas quais não residem (Figura 6). O que lhes confere o potencial para substituir tecidos lesionados ou para serem utilizadas como terapia regenerativa semelhante à utilização de ESCs (Sell, 2005). Devido ao facto de a utilização de ASC ter evitado controvérsias éticas, também elimina a necessidade de clonagem, uma vez que se pode utilizar as próprias células estaminais para transplantes, resolvendo o problema da rejeição imunitária. Embora as perspectivas das ASC pareçam ilimitadas, as células estaminais fetais combinam características das SC embrionárias e adultas, revelando-se a melhor escolha para algumas aplicações médicas (Sell, 2005).

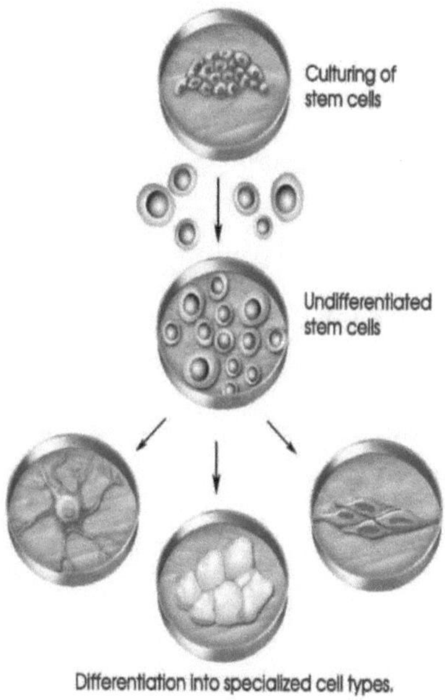

Figura 6. Cultura de células estaminais adultas em cultura que se diferenciam em células especializadas (What Is an Induced Pluripotent Stem Cell, 2015).

Nos tecidos adultos, as células estaminais estão limitadas a um (unipotente), dois (bipotente) ou vários tipos de células (oligopotente). Um exemplo de oligoptência é observado nas ASCs da medula óssea BM, que deram origem a a células epiteliais, neurónios, células endoteliais, etc. (Sell, 2004). Outros estudos que também demonstram a pleoplasticidade descrevem que as células hematopoiéticas derivadas da MO podem transformar-se em células cerebrais (Mezey, 2005), que as células progenitoras adultas multipotentes da MO deram origem a cartilagem, gordura e músculo, mas também a células hematopoiéticas, endotélio, intestino, fígado e pulmão (Jahagirdar et al., 2005).

Uma forma alternativa de diferenciação das ASC é através da fusão de uma SC com uma célula somática (Vieyra et al., 2005). Esta técnica é também conhecida como hibridação de células somáticas, que tem sido utilizada ao longo dos anos para estudar a expressão génica (Ephrussi, 1972; Bertolotti, 1972), embora o modelo mais reprodutível envolva células derivadas do BM e células hepáticas. O BM é transplantado para ratinhos com falta de expressão do gene da fumarylacetoacetate hydrolase (FAH). Sem tratamento, estes ratinhos desenvolvem lesões hepáticas crónicas, inflamação e eventual perda da função hepática (Dorrell et al., 2005).

Outros parceiros fusogénicos das células estaminais são as células musculares, incluindo o músculo cardíaco e esquelético, e as células de Purkinje do cérebro, cada uma das quais contém muitos núcleos (Sell, 2004).

Assim, a investigação das ASC tornou-se uma chave principal na medicina regenerativa, que é muito promissora no tratamento de doenças potencialmente fatais. Para além de todas as dificuldades sentidas pelas CTE, as ASC também colocam alguns desafios biológicos. A realização de mais estudos e o levantamento de controvérsias poderão contribuir para o desenvolvimento desta terapia específica, uma vez que é promissora para alguns casos de doenças para as quais não dispomos atualmente de tratamentos eficazes (Cheng, 2008).

2.2.2 Características das células estaminais

As SCs têm características importantes a partir das quais são aplicadas na terapia. Estas propriedades importantes incluem a **auto-renovação**, **a diferenciação**, **a morte celular**, **a quiescência** e a **migração**.

2.2.2.1 Auto-renovação

As células estaminais não se auto-renovam da mesma forma que as células normais proliferam. Apresentam dois métodos diferentes de auto-renovação, um por divisão assimétrica e outro por divisão simétrica. A divisão assimétrica produz uma célula estaminal filha e uma célula diferenciada e a divisão simétrica produz duas células estaminais filhas, respetivamente. As CTE só sofrem auto-renovação simétrica. As ASCs sofrem uma divisão assimétrica de auto-renovação em condições homeostáticas (Morrison, 2006). As CTEs auto-replicam-se com uma probabilidade entre 0 e 1,0 (Potten, 1997). Por conseguinte, para manter a população, é necessária uma probabilidade de 0,5, ao passo que uma probabilidade inferior ou superior a 0,5 pode resultar em exaustão ou expansão, respetivamente. A proliferação acelerada pode resultar na perda do potencial de auto-renovação (Bowie, 2006; Cheng, 2000; Hock, 2004). A auto-renovação das CTE é ditada por vários genes (Oct4, Nanog e Sox2) (Calveri, 2003). O mecanismo de auto-renovação das ASC é um pouco mais complexo, estando o Bmi-1 envolvido em vários tipos de ASC, incluindo as SC hematopoiéticas, neurais e mamárias (Lessard, 2004). O inibidor do ciclo celular p-18 desempenha um papel na auto-renovação das SC hematopoiéticas, pulmonares e neuronais (Yuan, 2004; Pei, 2007). Diz-se que a auto-renovação das SC continua infinitamente, uma vez que são viáveis mesmo depois de colhidas do organismo de onde provêm, embora esta capacidade pareça diminuir com o envelhecimento celular (Yu, 2006; Geiger, 2002).

2.2.2.2 Diferenciação

A base para a utilização das SCs pela medicina regenerativa é o seu potencial de diferenciação. Em condições específicas, as SCs têm a capacidade de se diferenciar em qualquer tipo de célula específico. Tudo isto depende do tipo de SC e do seu microambiente. As ASC parecem estar limitadas no seu potencial de diferenciação de acordo com o seu tipo de tecido diferente, enquanto as ESC têm um potencial ilimitado (Wagers, 2002; Wagers, 2004, Sung, 2006). Diz-se que a auto-renovação ou diferenciação tem dois mecanismos: instrutivo e estocástico (Metcalf, 2007; Metcalf 1998). Por conseguinte, dependendo do seu ambiente, as SCs sofrerão uma diferenciação consoante as necessidades do organismo. Uma vez que a reparação implica a divisão assimétrica das ASC e a necessidade de auto-renovação das ESC ocorre durante o desenvolvimento fetal.

2.2.2.3 Morte celular

Em condições homeostáticas, as SCs não optam geralmente por sofrer apoptose, mas diz-se que é uma escolha de destino das SCs.

Por conseguinte, quando as SCs mantêm a sua população através de divisão assimétrica, não sofrerão apoptose. No entanto, quando a auto-renovação simétrica chega a um ponto em que a população geral de SCs é mantida, estas iniciam o ciclo de morte celular por apoptose para não aumentarem demasiado a sua população. Este mecanismo é muito importante porque o crescimento excessivo desta população de SCs pode levar ao cancro. O que se verifica durante o crescimento descontrolado das células. Embora o mecanismo exato pelo qual as SC morrem e o seu ciclo celular regulador entra em apoptose não esteja bem descrito, descobriu-se que algumas proteínas estão envolvidas, incluindo a proteína anti-apoptótica Bcl-2 e a via p53 envolvida na senescência (Domen, 2000; TeKippe, 2003; Dumble, 2007).

2.2.2.4 Quiescência

As ASCs podem resistir a muitos estímulos fisiológicos e patológicos devido à sua capacidade de se manterem durante toda a vida do organismo. Fazem-no por não responderem a muitos factores de crescimento que normalmente afectariam as células progenitoras (Cheng, 2002; Bradford, 1997; Gothot, 1997), pelo que este mecanismo de auto-proteção que, em última análise, mantém a população de ASC parece ser uma função importante da homeostase das SC. No entanto, não é claro como funciona a base deste mecanismo de defesa celular. Embora tenham sido identificadas algumas proteínas envolvidas, como a p21, a Gfi-1, a MEF/ELF4 e a sinalização da angiopoietina (Cheng, 2000; Hock, 2004; Lacorazza, 2006; Arai, 2004), também foram identificados importantes mecanismos de defesa celular no que diz respeito à resistência a múltiplos fármacos e à reparação do ADN por parte das células estaminais (Chaudhary, 1991; Rossi, 2007; Rossi, 2007), que são aspectos importantes quando se considera o cancro e as células estaminais cancerígenas (CSC).

2.2.2.5 Migração

A capacidade de migração das SC é uma das características mais importantes. Foi demonstrado que algumas SCs têm uma motilidade ativa, entrando e saindo do nicho das SCs que circulam no sangue, mesmo em condições homeostáticas (Frimberger, 2001; Frimberger, 2001; Lapidot, 2005). Do mesmo modo, as células estaminais fisiológicas são capazes de viajar para o seu nicho num órgão específico, uma capacidade adquirida durante o desenvolvimento embrionário. Após o que as SCs viajam e residem no tecido danificado durante as reparações (Lee, 2003).

Todas estas características que tornam as SCs tão únicas na sua capacidade de serem geradas para a medicina regenerativa representam um risco quando se considera que as mesmas características se encontram nas CSCs.

2.3 Células estaminais cancerígenas (CSC)

As CSC podem ser descritas como células que residem no interior de um tumor e que são capazes de se auto-renovar, dando origem a linhagens heterogéneas de células cancerígenas num tumor (Clarke, 2006). São também designadas por células iniciadoras de tumores (TIC). A razão para o termo TICs é que, neste aspeto, os CSCs podem ter-se formado a partir de células estaminais, progenitoras ou diferenciadas (Figura 7) (Goldthwaite, 2006). As características observadas nas CSCs são reminiscentes das SCs normais, especialmente as que retratam a capacidade de metastização (Crocker, 2008).

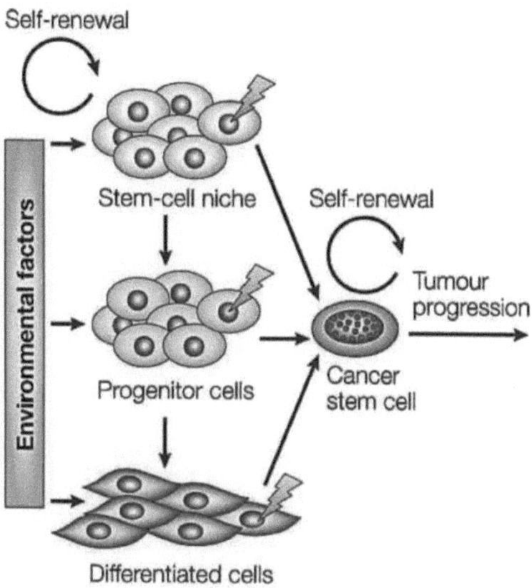

Figura 7. Desenvolvimento de CSCs/TIC a partir de diferentes clonalidades celulares (Nature reviews).

Os dados científicos sugerem que os tumores cancerosos são iniciados e mantidos por uma população específica de células. Foi demonstrado que estas células têm características semelhantes às das ASC. A razão para atribuir estas células a esta afirmação deve-se à sua capacidade de auto-renovação, de se diferenciarem em células especializadas e, sobretudo, de migrarem. Estas células foram identificadas como CSCs (Garcion, 2009; Tan 2006). Normalmente, as CSC abrangem apenas uma pequena fração do cancro tumoral, mas diz-se que lideram a sua capacidade de auto-renovação no total (Jones, 2009).

Nas SCs existem vias moleculares que mantêm a "natureza

estaminal" e que também se encontram activas em diferentes tipos de cancro (Goldthwaite, 2006). Esta afirmação propõe que o cancro pode surgir quando há uma mutação numa SC que provoca um crescimento anormal das células (Goldthwaite, 2006). No corpo adulto, as SC asseguram a renovação contínua e o funcionamento ótimo das células especializadas. A perturbação deste mecanismo provocada pela acumulação de mutações genéticas resulta na proliferação e diferenciação disfuncionais das ASC, o que, por sua vez, conduz à hipótese das CSC (Bapat, 2007).

A homeostase celular anormal resultante dos CSC conduz a ciclos celulares disfuncionais. Normalmente, os pontos de controlo do ciclo celular interrompem a replicação. Estas células reentram continuamente no seu ciclo celular e proliferam de forma incontrolável. As características retratadas por estas CSC, tais como a sua renovação, a diferenciação em outras células, a resistência aos medicamentos, a falha da apoptose e a migração, sugerem que estão envolvidas na génese do tumor e na manutenção do crescimento do cancro. O que se verifica com a manutenção e a recidiva do cancro (Bapat, 2007, Garcion, 2009).

A investigação afirma que as células que contêm o fenótipo CSC podem ser encontradas num tumor. Por conseguinte, permitem-lhes manter o tumor. Um CSC afirma que, no interior de um tumor, um pequeno subconjunto de células com capacidade proliferativa irrestrita conduz a génese do tumor. As terapias convencionais que visam as células que se dividem ativamente não conseguem impedir o recrescimento do tumor, uma vez que apenas reduzem o volume do tumor, mas não conseguem destruir as CSC que iniciam o cancro. (Houghton et al., 2007).

Outra caraterística importante que as SCs conferem às CSCs é a capacidade de metastização. Isto deve-se à sua capacidade de se deslocarem do seu nicho para a área do tecido danificado para serem reparadas (Lee, 2003). O processo de metástase em várias etapas é apoiado pelos CSCs. Estas destacam-se do tumor primário e migram através do corpo para um novo local, utilizando os sistemas sanguíneo e linfático para se deslocarem. Nesse local, alojam-se nos tecidos circundantes, formando micro metástases. As CSC migradas começam então a desenvolver o seu próprio ambiente ótimo, ganhando o seu próprio fornecimento de sangue e acabando por crescer até se tornarem metástases macroscópicas e clinicamente relevantes. Este facto está de acordo com estudos anteriores que sugerem que uma população especializada de células conduz a disseminação do cancro para outros órgãos e partes do corpo (Luzzi, 1998). As SC e o cancro metastático partilham funções semelhantes. Tanto as SC como o cancro residem num microambiente para proteção e crescimento, migram utilizando vias celulares específicas, aumentam a resistência à morte celular e têm uma maior capacidade de resistência aos medicamentos. As evidências sugerem que estas propriedades também se aplicam às CSC (Crocker, 2008), tornando-as uma causa primária de recidiva do cancro.

Está a ser desenvolvida uma nova e promissora forma de atacar os CSC. A ideia é desenvolver agentes que visem as moléculas nas vias que dirigem a metástase, para além de se centrarem na própria célula. Por conseguinte, se se provar que as hipóteses dos CSC estão correctas, as estratégias concebidas para visar seletivamente os CSC poderão impedir que estes TIC germinem e se espalhem (Goldthwaite, 2006).

2.3.1 Identificação e caraterização das CSC

Os estudos no domínio da investigação sobre as CSC revelam a existência de indícios de identificação e caraterização das CSC existentes, utilizando vários biomarcadores diferentes: CD44, CD133 e CD90. Nos cancros hematológicos humanos, estes marcadores têm sido amplamente aceites para efeitos de identificação e isolamento positivos (Lapidot, 1994; Bhatia, 1997). Verificou-se que as CSC permanecem nos tumores residuais, contribuindo para a manutenção e a propagação do cancro devido à sua resistência à quimioterapia e à radioterapia convencionais, quando comparadas com as outras células cancerosas que constituem a massa tumoral. Por conseguinte, novos tratamentos dirigidos às CSC podem potencialmente prevenir a recorrência do tumor e prolongar a sobrevivência dos doentes (Wang, 2013).

Um tumor pode ser entendido em termos muito semelhantes aos do tecido epitelial normal, em que uma população relativamente pequena de células estaminais auto-renováveis é capaz de gerar um grande número de células cancerígenas descendentes com características fenotipicamente diferentes e com um potencial proliferativo limitado in vivo. De acordo com este ponto de vista, o termo células estaminais cancerígenas (CSC) identifica uma subpopulação de células cancerígenas que possuem as seguintes características capacidade clonogénica, expressão de marcadores SC, diferenciação em células de diferentes linhagens, crescimento sob a forma de esferóides não adesivos e capacidade de gerar in vivo tumores transplantáveis em série que refletem a heterogeneidade do cancro primário (Lucarelli, 2015) A prominina-1 (CD133), isoladamente ou em combinação com outros marcadores moleculares, tem sido implementada no isolamento de SCs e CSCs de diferentes fontes, incluindo medula óssea, cérebro, próstata e rim (Bruno

,2006). As células CD133+ têm características de estaminais, como a auto-renovação, a capacidade de diferenciação e a elevada taxa de proliferação, e são capazes de gerar tumores em modelos de xenoenxertos murinos (Lucarelli, 2015).

Outro método de deteção de populações semelhantes a SC é a coloração fluorescente das células e a avaliação da absorção do corante Hoechst 33342. Este ensaio, criado por Goodell et al. em 1996, permite identificar uma população de células denominada população lateral (SP), que tem a capacidade de eliminar o corante de ADN vital, Hoechst 33342, graças a transportadores de membrana específicos (os membros da família dos transportadores de cassetes de ligação ao ATP) carateristicamente associados a células estaminais (Goodell, 1996). Muitos estudos demonstraram que os CSC de alguns tumores sólidos estão presentes nas células SP. Utilizando esta técnica, Addla et al. conseguiram isolar e caraterizar populações de tecido renal humano normal e maligno (CCR) (Addla et al., 2008). A população lateral isolada de células, utilizando este método de efluxo com o corante Hoechs, foi enriquecida com células com características semelhantes a células estaminais. As células isoladas apresentavam características como o aumento do potencial proliferativo, a clonogenicidade e a capacidade de formação de esferas em culturas 3D. Além disso, estas células expressavam os marcadores mesenquimais SC CD 44 e CD 29 e o marcador renal embrionário PAX-2, mas eram CD133 negativas. Com base nestes resultados, os autores sugeriram que a perda de CD 133 poderia ser um evento muito precoce na diferenciação das SC e, possivelmente, na transformação maligna (Addla, 2008). Mais importante ainda, este estudo revelou a presença de diferentes subpopulações de células que constituem as CSC.

As CSC foram isoladas e caracterizadas a partir de massas tumorais. Também foram caracterizadas através da utilização de marcadores de proteínas da superfície celular (NIH, 2008). Foram isoladas SCs e CSCs de pulmão normal e descobriu-se que um grupo raro de CSCs dormentes tem características semelhantes às que normalmente se encontram nas SCs de tecido pulmonar adulto normal, onde múltiplos transportadores de resistência a medicamentos as protegem igualmente (University of Pittsburgh Schools of the Health Sciences, 2007).

O CD 133 (Prominin-1) é um marcador proteico amplamente conhecido e utilizado na investigação das CSC, tendo o primeiro isolamento utilizando o CD 133 sido efectuado a partir de um tumor cerebral (Singh, 2003). Desde então, tem sido relatado o isolamento de putativas CSC de uma vasta gama de tumores através da utilização de anti-CD 133. Foi demonstrado que o microambiente pode afetar a expressão de CD 133 nas células cancerosas; neste contexto, foi descrito um enriquecimento de CSC CD 133+ em tumores do pulmão, do pâncreas e do cérebro em condições de baixa concentração de oxigénio e em associação com a regulação positiva de HIF-1α (Soeda, 2009; Hashimoto, 2011; Bar, 2010; Matsumoto, 2009).

2.3.2 CSCs do pulmão

Uma vez que a hipótese das CSC afirma que a iniciação e a

progressão dos tumores são mantidas por uma pequena subpopulação de células com um potencial infinito de proliferação e diferenciação (Bjerkvig, 2005), os investigadores foram purificar estas células para análise. A 549, uma linha celular de cancro do pulmão composta por NSCLC, tem sido utilizada em estudos para isolar as CSC (Sung, 2008), uma vez que tem sido frequentemente demonstrado que é resistente à quimioterapia e tem um fenótipo de resistência a múltiplos fármacos (Cole, 1992; Meschini, 2002). Além disso, tem uma percentagem mais elevada da subpopulação de células, bem como uma maior expressão da proteína LRP (proteína relacionada com a resistência pulmonar) do que outras linhas celulares cancerígenas (Gariboldi, 2003).

Uma vez que os CPPC apresentam geralmente metástases, independentemente do tamanho do tumor primário. A razão também foi descrita para as características das CSC das metástases e para o facto de o tumor apresentar, muito provavelmente, uma subpopulação de CSC a residir nele. A caraterização das CSC do pulmão identificadas no CPPC também foi comprovada em estudos anteriores (Pine, 2008).

Diz-se que as CSC que representam fenotipicamente as SC normais são derivadas de SC normais, de células progenitoras ou de células diferenciadas que sofreram mutações genéticas no seu ciclo celular. Neste caso, a SC perde a sua capacidade de controlar a quiescência e as células especializadas desdiferenciam-se em SCs com mutações cancerígenas. As células ficam incapazes de desempenhar as suas funções fundamentais de se dividirem em SCs mais normais e de se diferenciarem em células especializadas. Os erros surgem nas divisões das SC através de divisões simétricas ou assimétricas. Devido ao facto de a sinalização normal das SC ser controlada pelas seguintes vias Notch, Hedgehog (HH) e Wnt, a sinalização anormal das vias pode causar cancro do pulmão devido à diferenciação indesejada das SC normais em CSC (Natarajan, 2007).

Os nichos de SC foram identificados em estudos anteriores efectuados em ratos. Estes nichos nos pulmões podem ser alvo de desenvolvimento de cancro (Giangreco, 2002). A diferenciação epitelial dos brônquios é mantida por estes nichos (Hong, 2004). Os nichos, também designados por microambientes, são áreas localizadas nos tecidos onde as SCs residem num estado quiescente, preservando o seu carácter estaminal até que as respostas estimuladoras exijam a sua funcionalidade através da divisão assimétrica (Lacina, 2015).

As SCs bronco-alveolares residem nos nichos encontrados no tecido pulmonar. Estas células expressam vários marcadores diferentes que incluem a co-expressão de Clara, marcadores de células alveolares e marcadores de SC, bem como o marcador oncogénico k-ras. As características que demonstram o carácter estaminal são o aumento da proliferação que as SCs bronco-alveolares apresentam. Isto indica o seu carácter indiferenciado em comparação com as células alveolares diferenciadas que proliferam a um ritmo diferente. Esta manifestação também é observada nas CSC, em que as SC brônquio-alveolares contribuem para o desenvolvimento de adenocarcinoma devido a mutações no ciclo das SC que controlam a proliferação, em que estas células começam a dividir-se rapidamente, conduzindo eventualmente à formação de tumores (Kim, 2005).

Para além dos genes envolvidos nas vias que regulam as CTE, tais como as vias Notch, Wnt e HH, existe uma grande variedade de marcadores genéticos que podem ser utilizados para identificar as CTE. Um destes genes é um fator de transcrição envolvido na manutenção da pluripotência das CTE, o gene Oct-4 (OCT3 ou POU5F1) (Pesce, 2001). A via Wnt regula o gene Oct-4, que é capaz de desdiferenciar as células somáticas, reprogramando-as biologicamente e transformando-as em CSC (Grinnel, 2007).

Foi sugerido que as características exibidas pelas SCs são também reguladas por ácidos micro-ribonucleicos (miRNAs) que controlam a diferenciação, a auto-renovação e a divisão (Hatfield, 2008). O miRNA-155 está envolvido na diferenciação normal das células pulmonares humanas (Georgantas, 2007). A expressão da proteína associada a um mau prognóstico no cancro do pulmão é a expressão elevada de hsa-mir-155 e baixa de hsa-let-7a-2 (Yanaihara, 2006).

Pensa-se que os tumores de cancro do pulmão são compostos por um conjunto padronizado de um único tipo de célula ou tecido homogéneo. No entanto, tem-se dito que são heterogéneos numa escala mais pequena, diferindo fenotipicamente, uma vez que as células apresentam diferentes marcadores de superfície. As células variam na sua capacidade de diferenciação e auto-renovação. Os diferentes marcadores de superfície celular encontrados nas CSC também são encontrados e partilhados por outras células cancerosas, bem como pelas SC (Liu, 2006). A Tabela 1 mostra os diferentes marcadores das CSC do pulmão, bem como os marcadores partilhados com outras células (Crous, 2013).

Tabela 1. Marcadores de CSC do pulmão e outros marcadores de proteínas teciduları (Crous, 2013).

Marker	Name	Cellular Function	Ligand	Lung Cancer Marker	Stem Cell/ Other
CD 44	Pgp-1	Hyaluronic acid receptor	Hyaluronic acid and hyaluronate-interacting growth factors, osteopontin	NSCLC	Haematopoietic breast
CD 133	Promonin-1	Modulator of intracellular accumulation of exogenous compounds (transferrin-CD133-iron network), cell metabolism Neurotrophic receptor RET, tyrosine kinase expression	No natural ligand identified	NSCLC	Brain, colon, pancreas
CD 177	Stem cell factor receptor	Growth factor receptor	Stem cell factor	SCLC	Haematopoietic
CD 87	Urokinase plasminogen activator	uPA receptor	uPA	SC/ NSCLC	Unknown
SP	Side population	Drug resistance	EGFR/ TRAIL	SC/ NSCLC	Haematopoietic brain, breast
ALDH	Aldehyde dehydrogenase metabolism	Alcohol	Acetaldehyde	NSCLC	Haematopoietic breast, prostate

A confirmação de que as CSC identificadas são verdadeiramente CSC utilizando o seu marcador de superfície celular torna-se discutível, uma vez que a cultura *in vitro* das células para manter a população e aumentar o seu número se torna difícil. Isto deve-se ao facto de o fenótipo original das células se alterar à medida que factores externos, como os meios de crescimento, podem ter impacto sobre elas. Por conseguinte, a cultura de células com base no seu marcador SC tem de ser efectuada em condições óptimas, evitando a perda de enriquecimentos SC que podem levar a que as células se diferenciem no seu subconjunto especializado de células. Um dos métodos utilizados que parece manter o fenótipo SC é a utilização de meios semi-sólidos juntamente com o fator de crescimento epidérmico (EGF) e o fator de crescimento básico dos fibroblastos (BFGF), o que permite que as células cresçam como esferóides multicelulares. Em contrapartida, diz-se que isto mantém ou preserva o marcador SC. Posteriormente, as células são caracterizadas como uma suspensão de células individuais, o que exige a dissociação dos esferóides (Pine, 2008; Clarke, 2005).

Estudos adicionais que permitam a expansão das CSC necessitam de concentração e precisão, uma vez que a consistência e a continuidade são importantes para o desenvolvimento de terapias e tratamentos especificamente concebidos para visar as CSC (Pine, 2008). O método ideal de manutenção e expansão das células seria no seu ambiente original, ou seja, a validação *in vivo*. Isto pode ser conseguido através da implantação das CSC num hospedeiro suscetível, no qual podem ser monitorizadas medidas como o crescimento do tumor e a resposta aos medicamentos (Kang, 2006). O crescimento do tumor é geralmente visualizado através de coloração fluorescente. Embora o método de implantação utilizando modelos animais tenha sido identificado como o modelo mais adequado para o desenvolvimento e a criação de novas terapias direccionadas para as CSC (Pine, 2008). Infelizmente, a desvantagem ética deste modelo seria o facto de não ser viável realizar esse tratamento num ser humano. Não seria ético injetar cancro num indivíduo saudável só para ver se a experiência pode ser recriada num hospedeiro humano e se a formação de tumores e a resistência aos medicamentos são semelhantes às de um modelo animal, para verificar se o tratamento funcionaria nas pessoas. Por conseguinte, a necessidade de modelos *in vitro* é importante, pois pode imitar o ambiente do hospedeiro, uma vez que as células podem ser cultivadas e monitorizadas quanto à formação de tumores e às respostas ao tratamento (Crous, 2013).

2.3.2.1 Marcador de CSC do pulmão CD 133

Os marcadores de CSC são úteis para a identificação e o estudo das CSC e do seu papel na causa da génese do tumor. Foi investigada uma variedade de moléculas como marcadores putativos de CSC em doenças malignas, sendo o CD133 um dos marcadores mais utilizados (Huang, 2015).

O CD133, também conhecido como Prominin-1, é um membro da família das glicoproteínas de membrana trans pentaspan (5-TM). Nos seres humanos, o gene Prominin-1 está localizado no cromossoma 4 p15 e codifica uma glicoproteína de membrana trans de 120 kD (Yin, 1997), que se localiza em saliências da membrana. O CD133 é amplamente utilizado para a deteção e o isolamento de SCs e CSCs. Foi descrito pela primeira vez como marcador de células estaminais hematopoiéticas e mais tarde encontrado em certos tipos de células leucémicas (Yin,1997); no entanto, a sua função precisa continua por esclarecer. A hipótese é que esteja associada a interacções célula-célula ou à transdução de sinais (Ren, 2013).

A expressão de CD133 tem sido associada à resistência à quimioterapia e ao aumento do potencial metastático em múltiplos cancros humanos, embora os mecanismos subjacentes a esta situação permaneçam desconhecidos. É necessário compreender as várias vias de sinalização que estão envolvidas na regulação e na manutenção das CSC no pulmão (Huang, 2015). As vias críticas envolvidas neste processo apresentam-se como alvos promissores para o tratamento do cancro do pulmão. As vias de sinalização que estão envolvidas na embriogénese também estão implicadas na oncogénese. Algumas das vias importantes envolvidas na manutenção das células estaminais do cancro do pulmão incluem a Wnt/β-catenina, Notch e Hedgehog. Estas vias estão ligadas à manutenção da homeostase dos tecidos e à renovação normal das células estaminais (Karamboulas, 2013). Qualquer desregulação desta sinalização conduz à atividade das CSC em vários tipos de cancro, incluindo o cancro do pulmão (Takebe, 2010). O bloqueio da via NOTCH inibe a proliferação e/ou a sobrevivência celular. A inibição da sinalização NOTCH pode, por conseguinte, ser implementada para a utilização de um modelo terapêutico para o tratamento do cancro. Descobriu-se que a sinalização Notch era expressa tanto em células CD133+ como em células CD133-. Quando se bloqueia a via Notch nas células CD133+, o crescimento das células é deprimido, o ciclo celular é interrompido na fase G2/M e pode aumentar o efeito da quimioterapia (Mao, 2014).

A localização nuclear do CD 133 pode ser um indicador de mau prognóstico no cancro do pulmão de células não pequenas. O CD 133 é conhecido como uma molécula de superfície, tendo esta localização anómala no núcleo sido descrita para várias outras moléculas e receptores de superfície celular em vários tumores malignos (Bryant, 2005; Planque, 2006). O CD 133 é um membro da família das glicoproteínas de membrana trans pentaspan. Estas proteínas de superfície celular/membrana trans são capazes de se deslocar para o citoplasma da célula através de endocitose, onde são então transportadas por vias clássicas que envolvem proteínas específicas (importinas) que reconhecem sinais de localização nuclear (NLS) em cargoproteínas. Para internalizar as macromoléculas, são utilizadas duas vias principais que envolvem a endocitose: a caveolina e a clatrina. Quando se deslocam para o núcleo, as CD 133 podem atuar como reguladores da transcrição, interferindo com vias moleculares diretamente ligadas à proliferação e diferenciação de células tumorais (Huang, 2015).

Foi demonstrado que o marcador de superfície celular CD 133 foi expresso em grande parte em biópsias cirúrgicas frescas de NSCLC obtidas de 89 doentes que foram submetidos a ressecção tumoral, tendo as células sido analisadas por citometria de fluxo em suspensões de células individuais. As células cultivadas em cultura como uma camada aderente também apresentavam o marcador de superfície celular, embora as células cultivadas em esferas apresentassem uma percentagem mais elevada da proteína. As populações laterais analisadas utilizando diferentes linhas celulares estabilizadas de NSCLC indicaram que as células A549 apresentam uma maior população do marcador CD133 (Virginia, 2009). Indicando que o CD 133 é um marcador fiável para isolar e identificar as CSC no cancro do pulmão, bem como em alguns outros tumores. Mostrando também que a linha celular de cancro do pulmão A549 produzirá um grupo viável de CSC do pulmão positivas para CD 133 para análise.

Foi avaliado o potencial tumorigénico das células CD 133 positivas. A investigação mostrou que a injeção das células cancerígenas em ratos resultou no crescimento de tumores com características semelhantes às dos tumores originais encontrados em seres humanos. O modelo de investigação em ratos é reproduzido de forma eficaz, tal como se verifica em doentes com cancro do pulmão. O antigénio CD 133 também se mostra altamente expresso em tumores homogéneos e em doentes que apresentam poucos sintomas (Virginia, 2009). Isto sugere que as células CD133 positivas do cancro do pulmão ainda têm propriedades estaminais elevadas nas fases iniciais, uma vez que as células ainda não começaram a diferenciar-se na sua linhagem celular específica, criando a maior parte do tumor. Podem metastizar e formar tumores secundários antes mesmo de a doença ser diagnosticada, deixando o doente com um mau prognóstico. A evidência que concorda com esta afirmação é comprovada num estudo em que os ensaios de análise de sobrevivência mostraram que a expressão elevada de CD133 numa população de células de cancro do pulmão é significativa para o seu fator de prognóstico, diferenciação do tumor e diâmetro do tumor, que estão todos relacionados com a sobrevivência do doente. Indicando que os doentes com uma expressão baixa e sem CD 133 tinham um tempo de sobrevivência significativamente mais elevado (Huang, 2015).

O antigénio CD 133 é um potencial marcador definitivo de CSC do pulmão. Este facto foi comprovado pela demonstração da sua presença tanto em biópsias de NSCLC como em linhas celulares estabilizadas (Virginia, 2009). As células mostraram um enriquecimento para a génese do tumor, bem como para a proliferação. À semelhança de outros tumores que apresentam características semelhantes (Collins, 2005; Ricci-Vitiani, 2007; Eramo, 2008).

2.4 Lasers

A palavra LASER é um acrónimo de Light Amplification by Stimulated Emission of Radiation (amplificação da luz por emissão estimulada de radiação). A emissão estimulada de radiação é um processo que ocorre naturalmente e foi descoberto por Einstein em 1917 (Singh, 2012). Este fenómeno foi incorporado num dispositivo que permite a amplificação da intensidade da luz, produzindo um feixe constante na sua direção, concentrado na sua intensidade e com um comprimento de onda ou frequência específicos. Para criar o feixe laser, a luz tem de passar por um meio especializado, no qual a luz estimula os seus átomos, que emitem luz na mesma direção e com o mesmo comprimento de onda da emissão original. As dimensões unitárias dos lasers variam entre um décimo da dimensão de um cabelo humano e a dimensão de um edifício. Um dispositivo laser é geralmente constituído pelos seguintes elementos: cavidade ótica composta por dois espelhos que reflectem a luz para trás e para a frente (sendo um deles transparente para permitir a emissão do feixe laser), meio de amplificação/conquista através do qual a luz viaja, intensificando a luz, e uma fonte de bombagem para introduzir energia (Fig. 8) (Silfvast, 2003).

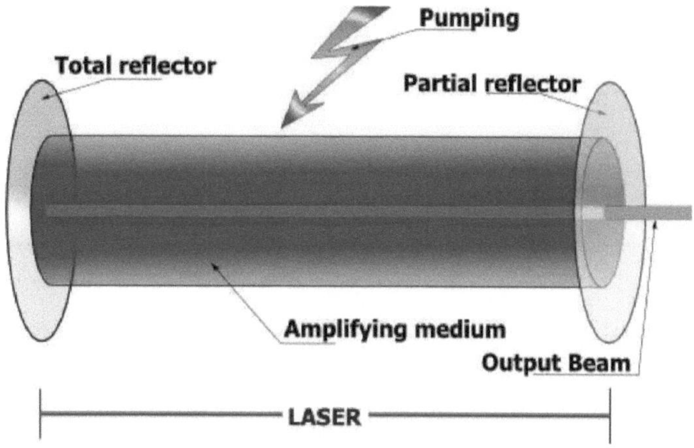

Figura 8. Componentes básicos do laser, incluindo espelhos reflectores, fonte de bombagem, meio de amplificação, com um espelho refletor parcial que permite a passag em do feixe laser

(http://www.tau.ac.il/~phchlab/experiments_new/SemB04_Sucrose/pics/Laser.pn g).

O termo luz descreve a radiação electromagnética em comprimento de onda que normalmente varia de 1 nm a 1000 µm. Embora a luz que podemos ver varie de 400 nm a 10 µm (Fig. 9). Os comprimentos de onda da luz ultravioleta profunda (DUV) e ultravioleta variam entre menos de 200 nm e entre 200 nm e 400 nm. A luz visível varia entre 400 nm e 700 nm. O infravermelho próximo (NIR) vai de 700 nm a 1000 nm. Para além de 1000 nm, chama-se infravermelho distante (Melles, 2009).

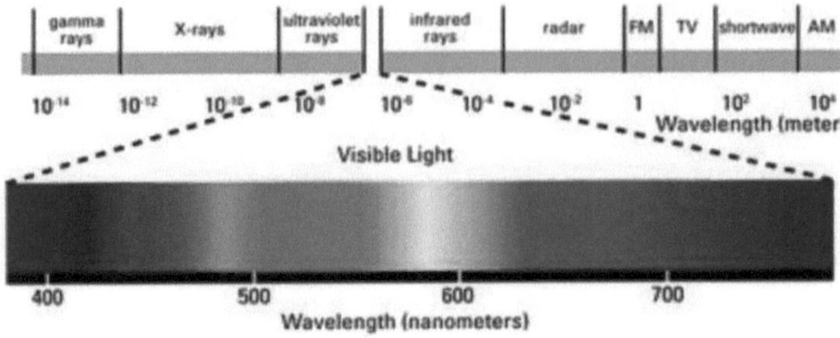

Figura 9. Escala de comprimentos de onda que representa as cores do espetro de luz visível de 400 nm a 1000 nm (http://www.ledgrowlight-hydro.com/ledlights-blog/tag/incandescent-light-bulb/).

2.4.1 Características do laser

Existem várias propriedades da luz laser que a tornam diferente e mais valiosa do que a luz obtida a partir de fontes de luz convencionais, como uma lâmpada eléctrica. Permitindo que a luz laser tenha várias aplicações no domínio tecnológico e científico, especialmente na medicina. Estas características valiosas incluem: Monocromaticidade, coerência e direccionalidade.

2.4.1.1 Monocromaticidade

A monocromaticidade é um termo relativo, que se refere à luz de uma banda estreita de comprimentos de onda. Apenas uma cor é visível quando se projecta o feixe laser. Isto deve-se à elevada pureza espetral do feixe laser. A radiação inicial submetida ao meio de amplificação é intensificada e reflectida como um feixe de saída com um comprimento de onda específico, uma vez que os comprimentos de onda de menor intensidade caem para zero, não sendo acumulados e reflectidos pelo espelho (Pascu, 2001).

2.4.1.2 Coerência

A coerência está relacionada com a monocromaticidade. Como resultado do facto de um feixe laser ser monocromático, emite luz com o mesmo comprimento de onda. Esta luz está em fase (Palanker, 2013). Ou seja, todas as ondas no feixe laser permanecem espacialmente iguais e seguem a mesma tendência no tempo (Fig. 10), diferindo da luz normal que é incoerente (Singh, 2012), no sentido em que a luz branca contém vários tamanhos de ondas que interagem entre si produzindo esta luz, aplicando a refração através do exemplo de um prisma, os diferentes comprimentos de onda dividem-se evidentemente dirigindo a sua própria luz (Fig. 11)

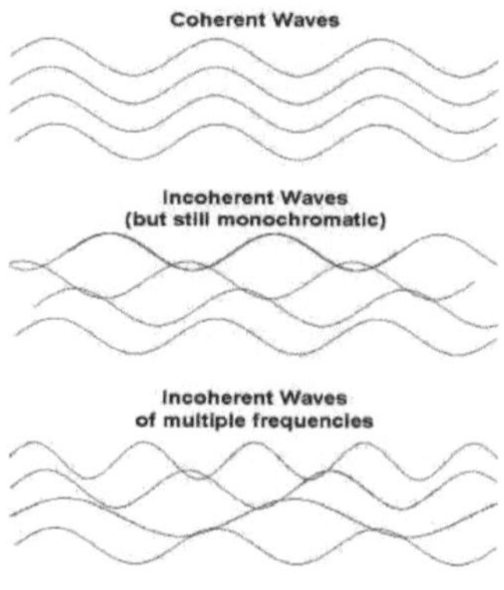

Figura 10. As ondas de luz coerentes mantêm-se em fase umas com as outras, ao contrário da luz incoerente, em que as ondas individuais não são espacialmente iguais (http://dlmaesthetics.com/medical-laser-technology/).

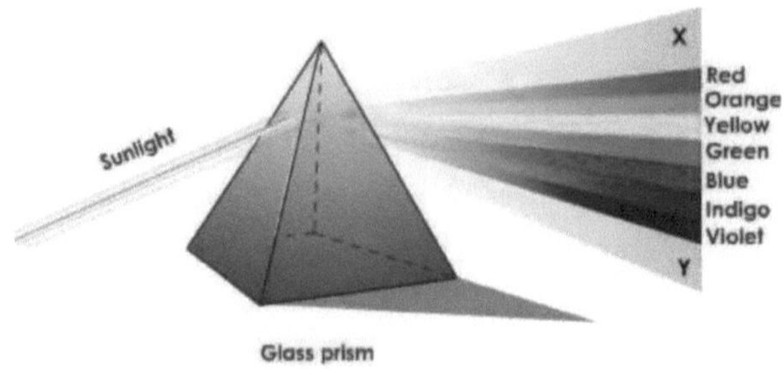

Figura 11. Dispersão da luz branca por um prisma que permite a emissão de comprimentos de onda individuais, produzindo diferentes cores de luz (http://www.tutorvista.com/content/physics/physics-ii/dispersion/glass-prism.php).

2.4.1.3 Direccionalidade

A direccionalidade está correlacionada com a propriedade de divergência dos feixes laser. Esta é uma medida qualitativa da irradiação laser para permanecer concentrada numa distância. A divergência depende da cavidade ótica e da forma do meio ativo do laser (Pascu, 2001). Isto garante que as frequências não se perdem, dando origem a emissões de radiação que são reproduzíveis.

2.4.2 Aplicações clínicas e médicas de laser

Os tipos de lasers utilizados em aplicações clínicas incluem lasers de CO2, de estado sólido e de díodo, bem como lasers de gás, com comprimentos de onda que vão desde o UV até ao espetro IF. As aplicações do laser médico incluem a oftalmologia, a triagem celular e a cirurgia. Um laser de iões de árgon, utilizado para fotocoagulação, foi utilizado como uma das primeiras aplicações para selar um vaso sanguíneo rompido no olho.

2.4.2.1 Aplicações de laser médico

Aplicações cirúrgicas

Alguns dos procedimentos cirúrgicos e dentários com laser incluem o corte ou a remoção de tecidos ou a remoção de substâncias dos tecidos. Há também ablação de tecidos, bem como alterações fotoquímicas. Os lasers de excímeros UV são utilizados na cirurgia correctiva dos olhos, que é utilizada para a ablação do material do cristalino sem danos térmicos. Os lasers de rubi são utilizados para a remoção de tatuagens, devido à decomposição dos corantes num determinado comprimento de onda sem danificar os tecidos. Os lasers NIR e IR são utilizados para o tratamento cosmético de marcas de nascença, sinais e verrugas. Um laser DPSS verde de vários watts é mais frequentemente utilizado para a degenerescência macular, uma vez que o comprimento de onda verde não é absorvido pelo cristalino ou pela parte aquosa do olho, o que permite que o laser afecte apenas as veias visadas (Griot, 2009).

2.4.2.2 Aplicações clínicas do laser

Citometria de fluxo

A citometria de fluxo é uma aplicação utilizada em várias indústrias, mas a sua utilização em aplicações clínicas inclui a investigação de doenças oncológicas e de imunoensaio, bem como de micróbios. A citometria de fluxo é uma aplicação utilizada em várias indústrias, mas a sua utilização em aplicações clínicas inclui a investigação de doenças oncológicas e imunológicas, bem como de micróbios. Quer se trate de células humanas ou de organismos bacterianos, o princípio é o mesmo. As medições destas células são efectuadas colocando-as num material fluídico que é passado, uma de cada vez, através de um capilar ou célula de fluxo, onde são expostas a um feixe de luz laser focalizado. As propriedades medidas incluem o tamanho relativo de uma partícula, a granularidade relativa ou complexidade interna e a intensidade de fluorescência relativa. Estas características são determinadas utilizando um sistema de acoplamento ótico-eletrónico que regista a forma como a célula ou partícula dispersa a luz laser incidente e emite fluorescência. Os lasers mais populares utilizados na citometria de fluxo são o laser de iões de árgon de 488 nm (azul) e os lasers HeNe de 632 nm (vermelho) e 594 nm (amarelo). No entanto, estão a entrar em campo novos lasers de díodo violeta, azul e vermelho e uma variedade de novos lasers DPSS (Griot, 2009; Becton, 2000).

Aplicações terapêuticas

Os lasers de baixa potência são utilizados por fisioterapeutas e dentistas para reduzir a dor. As utilizações dermatológicas incluem o tratamento de doenças de pele como o edema, o eczema e a dermatite. Os podologistas aplicam lasers para a cicatrização de feridas no tratamento de úlceras do pé diabético. Também são tratados outros tipos de redução da dor e doenças crónicas como a artrite e a artrose. Os massagistas incluem-no no seu regime de massagem para estimulação do sangue. A utilização destes lasers também é vista na medicina veterinária e desportiva (Vladimirov, 2003).

Aplicações biomédicas

Espectroscopia de fluorescência induzida por laser (LIF) para o diagnóstico do cancro. Este procedimento envolve a administração de um fármaco que é seletivamente retido por um tumor, como o derivado de hematoporfirina. Quando exposto a uma luz laser com um comprimento de onda que induz a fotoexcitação, o tumor fluoresce (Gupta, 2000). Isto pode evoluir para outro tratamento do cancro, a PDT. A PDT é uma terapia que utiliza um produto químico fotossensível que é administrado a um doente que apresenta uma lesão ou um tumor. O fotossensibilizador (PS) tem uma afinidade para o tecido maligno. Após ativação por luz laser num comprimento de onda específico, normalmente luz vermelha (620690 nm), o PS provoca a oxidação, conduzindo a espécies reactivas de oxigénio (ERO) no interior das células localizadas, resultando na morte celular e, evidentemente, na regressão do tumor (Robertson, 2009). A foto-bio-modulação é a utilização da luz laser de uma forma não cirúrgica. As aplicações terapêuticas exploram a foto-excitação de cromóforos intracelulares ou de fármacos exógenos que são inseridos nos tecidos. As aplicações incluem o tratamento da psoríase, da iterícia neonatal, da tuberculose cutânea e da PDT acima referida (Gupta, 2000).

2.5 Irradiação laser de baixa intensidade (LILI)

A LILI, também conhecida como foto-bio-modulação, é uma modalidade terapêutica que utiliza fotões da região do vermelho visível ao NIR do espetro, que podem alterar a atividade biológica das células (Kneebone, 2006). As aplicações da luz laser têm sido exploradas ao longo das últimas décadas. A aplicação da luz visível em células e tecidos humanos e animais, utilizando radiação visível e infravermelha, tornou-se popular à medida que se descobriram diferentes resultados do processo. O mais interessante foi a LILI, pelo seu efeito bioestimulador e, quando se utilizaram doses maiores, a sua ação positiva transformou-se em inibição de processos de atividade vital (Vladimirov, 2003).

A utilização de LILI começou em 1967, após o desenvolvimento do primeiro laser funcional, quando um cientista fez experiências com ratos para ver se o cancro era induzido após a aplicação do laser (Mester, 1968). O seu resultado experimental demonstrou, de facto, o contrário, indicando bio-estimulação. Diz-se que o LILI é um dos métodos terapêuticos mais antigos que remonta aos tempos egípcios (Roelandts, 2002).

Desde a invenção da luz laser, há mais de 40 anos, a luz visível de baixo nível ou NIR tem sido utilizada para o tratamento da dor, inflamação, edema e cicatrização de feridas. Apesar de todos os avanços na utilização da LILI, ainda se diz que é controversa devido à falta de compreensão do mecanismo da LILI, bem como dos seus parâmetros óptimos para cada caso. Estes parâmetros significativos incluem: comprimento de onda, fluência, densidade de potência, estrutura do impulso e tempo de tratamento. (Hamblin, 2008).

2.5.1 Mecanismo de ação (LILI)

Um fator importante da aplicação do laser de baixa intensidade é a quantidade total de energia aplicada durante uma sessão de tratamento. Isto deve-se ao facto de as descobertas indicarem que existe uma dose óptima. Doses com um valor reduzido ou maior do que o valor ótimo podem resultar num resultado terapêutico menos eficaz e doses mais elevadas podem mesmo levar a um resultado negativo. A densidade de energia e a densidade de potência são parâmetros biológicos fundamentais que devem ser respeitados (Hamblin, 2008)

A densidade de energia fornecida durante o tratamento com o LILI difere de outras aplicações laser, como a ablação de tecidos, o corte e a coagulação térmica. O efeito produzido é um efeito não térmico e sim fotoquímico. Assim, as densidades de energia utilizadas para a LILI são inferiores às necessárias para produzir o aquecimento do tecido, ou seja, menos de 100 mW/cm2, dependendo do comprimento de onda e do tipo de tecido (Hamblin, 2008).

2.5.1.1 Mecanismo

A teoria da mecânica quântica afirma que a energia luminosa depende da energia dos seus fotões e do seu comprimento de onda. Assim, uma dose de energia luminosa é composta pela quantidade de fotões e pela sua cor, sendo que algumas cores emitem mais energia do que outras, por exemplo, os fotões azuis têm um poder de dosagem mais elevado do que os verdes, os verdes mais do que os vermelhos e os vermelhos mais do que os NIR.

A dose de energia aplicada aos tecidos pela LILI é absorvida pelos cromóforos intracelulares ou dispersa-se pelas células, onde os fotões acabam também por ser absorvidos ou reflectidos. Os cromóforos localizados nos tecidos absorvem a luz nos comprimentos de onda vermelho e NIR. Em seguida, têm electrões que são excitados pelos fotões que actuam sobre eles. Estes electrões são então excitados do estado fundamental para o primeiro estado de excitação. A energia conservada no interior das células pode então seguir uma de três vias, de acordo com os efeitos observados após a aplicação do LILI.

A primeira via mais comum seguida é a conversão interna, em que o eletrão passa de um estado excitado superior para um estado excitado inferior. Neste caso, não são emitidos fotões, o que também se designa por desexcitação sem radiação. O estado de spin molecular para a conversão interna permanece o mesmo e a energia do estado eletronicamente excitado é libertada para os modos vibracionais da molécula, por outras palavras, a energia de excitação é transformada em calor.

A fluorescência é a segunda via. Quando a absorção molecular do fotão recebido ativa outro fotão com um comprimento de onda maior. Em seguida, a energia dos fotões absorvidos e emitidos é convertida em vibrações moleculares ou calor.

A terceira via de transferência de energia é a fotoquímica, em que a luz é absorvida por um cromóforo. A excitação do estado singleto dos cromóforos resulta na excitação do estado tripleto. Aqui, o oxigénio molecular no estado fundamental, que é um tripleto, sofre uma reação em que se transforma em oxigénio singleto. Outra reação que os cromóforos podem sofrer é a libertação de um eletrão do seu estado tripleto para o oxigénio, que depois forma superóxido. Este mecanismo é importante porque a cadeia de transporte de electrões está envolvida na cadeia respiratória mitocondrial, onde se encontram os cromóforos (Hamblin, 2008).

2.5.2 LILI e SCs/CSCs

Foi demonstrado *in vitro* que a ativação dos processos celulares e da migração através da aplicação de LILI estimula as SCs, bem como outros tipos de células, através da ativação principalmente da cadeia respiratória mitocondrial (Gao, 2009; Gasparyan, 2005). A utilização de LILI nas SCs tem relatado o aumento das funções celulares e das produções químicas, levando a um aumento da proliferação e da viabilidade. Os sistemas afectados nas células foram o trifosfato de adenosina (ATP), o ácido ribonucleico (ARN) e o ácido desoxirribonucleico (ADN), que tiveram uma taxa de síntese mais elevada. Estes efeitos de melhoria da proliferação e da viabilidade são observados sem os efeitos da citotoxicidade. Estes efeitos podem ser vistos como um atributo útil na engenharia de tecidos e na medicina regenerativa (AlGhamdi et al., 2012; de Souza, 2005). Para além do efeito estimulador que a LILI induz, também se verificou que provoca respostas diferentes dependendo da potência da irradiação, em que os processos moleculares e celulares são inibidos em diferentes intensidades (Mvula et al., 2010). Os efeitos de diferentes comprimentos de onda e fluências de LILI foram investigados e mostraram uma correlação indireta entre estes parâmetros e as células tratadas, uma vez que comprimentos de onda e fluências mais elevados parecem inibir a viabilidade e a proliferação, enquanto o oposto se verificou ser verdadeiro para comprimentos de onda e fluências mais baixos (Abrahamse, 2010). Embora se tenha verificado que a LILI tem estes efeitos celulares durante o tratamento, também se observou que, ao irradiar

As SCs não se diferenciam em tipos de células especializadas (de Villiers, 2011).

Os estudos que utilizaram várias intensidades apresentaram os seguintes resultados. Um estudo realizado por Mvula et al., 2008, que investigou o efeito do LILI em células estaminais adultas derivadas do tecido adiposo humano, mostrou que 5 J/cm^2 de irradiação laser utilizando um laser de díodo de 635 nm, teve um efeito positivo aumentando a viabilidade e a proliferação celular. Outros estudos indicaram resultados de bioinibição, em que as células neoplásicas após tratamento com LILI com um comprimento de onda de 632,8 nm e uma fluência de 4 a 6 J/cm^2 (Al-Watban, 2011). O conceito de várias células terem resultados diferentes com várias intensidades com LILI indica que é necessário testar um conjunto rápido de comprimentos de onda e fluências para concluir especificamente sobre o resultado desejado para a linha celular de interesse.

As terapias contemporâneas contra o cancro ou ressecam o tumor ou visam apenas as células em rápida proliferação, destruindo a maior parte do tumor, mas são limitadas no que diz respeito a visar e destruir eficazmente as CSC. Por conseguinte, a recidiva do cancro ocorre devido à incapacidade de destruir esta subpopulação de células. Uma vez que as CSC escapam às terapias convencionais devido às suas propriedades de SC. Por conseguinte, as terapias têm de ser concebidas de forma a visar especificamente as CSC (University of Pittsburgh Schools of the Health Sciences, 2007; Crous 2013). Devido a esta abordagem direccionada, a LILI parece viável, uma vez que pode ser dirigida especificamente para uma área de interesse ao realizar o tratamento, bem como manipular os níveis de energia utilizados. Tendo em conta que, dependendo da energia aplicada e dos comprimentos de onda a que as células-alvo são submetidas, os resultados podem variar e os estudos *in vitro* ajudarão na exploração da terapia LILI como tratamento adjuvante para o cancro e visando as CSC.

CAPÍTULO 3

METODOLOGIA

Uma população lateral de CSC positivas para o marcador antigénico CD 133 foi isolada de uma linha celular de cancro do pulmão A549. As CSC isoladas do pulmão foram tratadas com LF-LILI (baixa fluência) com fluências de 5 a 20 J/cm^2 e HF-LILI (alta fluência) com uma fluência de 40 J/cm^2 de lasers com comprimentos de onda de 636, 825 e 1060 nm, respetivamente. As respostas bioquímicas pós-irradiação foram analisadas durante um período de 24, 48 e 72 horas para obter resultados sobre a reação celular ao longo do tempo. Foram efectuados ensaios que incluíram a viabilidade, a proliferação, a morte celular e a citotoxicidade. Os resultados apresentaram um efeito bioestimulador ou bioinibidor quando comparados com os resultados de estudos anteriores efectuados. No Apêndice A é apresentado um diagrama de fluxo que mostra uma visão geral deste projeto. É fornecida uma lista dos consumíveis utilizados (Anexo B) e dos cálculos (Anexo C) efectuados no âmbito desta metodologia. Foi obtida a aprovação ética do Comité de Ética Académica da Faculdade de Ciências da Saúde da Universidade de Joanesburgo para a realização deste projeto de investigação (AEC21- 01-2012) (Anexo D).

3.1 Cultura celular

Neste estudo, foram utilizadas células de cancro do pulmão disponíveis no mercado, provenientes da ATCC (A549, ATCC® CCL-185). Os meios utilizados para a cultura de células de cancro do pulmão e de CSC isoladas consistiram no seguinte Meio Rosewell Park Memorial Institute 1640 (RPMI- 1640) (Sigma, R8758) suplementado com 10% de soro bovino fetal (FBS) (Biochrom,

S0615) e 0,5% de penicilina/estreptomicina (Sigma, P4333) e 0,5% de anfotericina B (Sigma, A2942). As células cultivadas foram incubadas a 37°C em 5% de CO_2 e 85% de humidade.

A linha celular de controlo CaCo2 (ATCC®, HTB-37™) foi cultivada em meio de águia modificado de Dulbecco (DMEM) (Sigma, D5796) suplementado com 10% de FBS (Biochrom, S0615), 2 mM de L-glutamina (Sigma, G7513), 1% de penicilina/estreptomicina (Sigma, P4333) e 1% de anfotericina B (Sigma, A2942). SKUT-1 (ATCC®, HTB114™) foi cultivado em DMEM (Sigma, D5796) suplementado com 10% de FBS (Biochrom, S0615) e 1% de penicilina/estreptomicina (Sigma, P4333) e 1% de anfotericina B (Sigma, A2942).

3.2 Isolamento de células da população lateral

O kit de isolamento de esferas magnéticas e a unidade de separação (Miltenyi Biotec, unidade de separação QuadroMACS™ 130-091-051) foram utilizados para isolar as CSC do pulmão. As células foram marcadas magneticamente com anticorpos conjugados com microesferas direccionados para o marcador antigénico de superfície CD 133. A população de células foi enriquecida para CSCs pulmonares CD 133+ utilizando o CD 133 MicroBead Kit (Miltenyi Biotec, CD133 MicroBead Kit, human 130-050-801) concebido para a seleção positiva de células que expressam o antigénio CD 133 humano.

O número de células foi determinado a partir de uma suspensão de células individuais. As células foram centrifugadas e ressuspendidas em 80 µl de tampão e 20 µl de microesferas por 10^7 células totais, sendo depois incubadas durante 15 minutos a 2 - 8^0 C. As células foram lavadas utilizando a solução-tampão do kit através de centrifugação a 3000 rpm durante 10 minutos e, em seguida, ressuspendidas em 500 µl de tampão por 10^7 células, o que foi repetido 3 vezes. As colunas de separação foram preparadas fazendo passar o tampão através da coluna e eliminando o efluente. A suspensão de células conjugadas com microesferas foi cuidadosamente adicionada à coluna de separação preparada (Miltenyi Biotec, 130-042-201), evitando aglomerados de células que poderiam fazer com que as células ficassem presas na coluna. As células não marcadas fluíam através da coluna e eram recolhidas num tubo de recolha e eliminadas. As células seleccionadas positivamente permaneciam na coluna magnética, que era então descarregada para um tubo de recolha adequado utilizando tampão e um êmbolo.

3.3 Deteção de proteínas CD 133

3.3.1 Citometria de fluxo

Para confirmar se as células isoladas com o kit de esferas magnéticas eram de origem CSC, as células foram marcadas com fluorescência para o marcador antigénico CD 133. Foi utilizado um anticorpo monoclonal de coelho anti-CD 133 (Prominin-1) (Abnova, PAB12663). As células isoladas, juntamente com as linhas celulares de controlo CaCo2 e SKUT-1, foram colocadas numa suspensão, tendo sido lavadas duas vezes com solução salina tamponada com fosfato (PBS)/albumina de soro bovino (BSA)/tampão de azida (Sigma, P4417) gelada; 0.1% p/v de BSA (Sigma, A2153); 0,01% p/v de azida (Sigma, S8032) e, em seguida, incubadas com 10% de soro

(Normal Goat Serum, abcam, ab7481) durante 30 min. no gelo como uma etapa de bloqueio e lavadas duas vezes como descrito anteriormente. As células foram então incubadas com 100 µl de anticorpo primário, CD 133+ anti-humano de coelho (Abnova, PAB12663), em tampão de trabalho (2% de soro em tampão PBS BSA/azida) durante 30 min, mantendo as células suspensas em tubos no gelo. As células foram então lavadas três vezes com tampão PBS BSA/azida e incubadas com 100 µl do anticorpo secundário fluorescente, anti-coelho de ratinho (abcam, ab6717) em tampão de trabalho, durante 30 minutos no gelo, protegidas da luz, após o que foram novamente lavadas com PBS BSA/Azida. A deteção antigénica foi efectuada utilizando um citómetro de fluxo (FACSDiva Versão 6.1.3 Flow Cytometer, BD Biosciences) que detecta a fluorescência no anticorpo conjugado, indicando se as células são CD 133 positivas/negativas.

3.3.2 Microscopia fluorescente

Para a microscopia fluorescente, que era um método de deteção do antigénio específico CD 133, as células isoladas juntamente com as linhas celulares de controlo CaCo2 e SKUT-1 foram marcadas com fluorescência. As células foram cultivadas em lamelas esterilizadas pelo calor colocadas em placas de Petri (placa de cultura de 3,5 cm, Corning, 430588), a uma concentração de 2 x 10^5 células em meio completo. As células foram incubadas durante 24 horas, permitindo a sua fixação na lamela. Depois de as células terem sido cultivadas nas lamelas, foram lavadas duas vezes com tampão PBS BSA/azida gelado e, em seguida, incubadas com 10% de soro (Normal Goat Serum, abcam, ab7481) durante 30 minutos no gelo, como passo de bloqueio, e lavadas duas vezes mais com tampão gelado. As células foram então incubadas com 100 µl de anticorpo primário, CD 133+ anti-humano de coelho (Abnova, PAB12663), em tampão de trabalho (2% de soro em tampão PBS BSA/azida) durante 30 minutos no gelo. Em seguida, as células foram lavadas três vezes com tampão PBS BSA/azida e incubadas com 100 µl de anticorpo fluorescente secundário, anti-coelho de ratinho (abcam, ab6717), em tampão de trabalho, durante 30 minutos no gelo, ao abrigo da luz. As células foram lavadas três vezes como anteriormente e fixadas em paraformaldeído a 4% (Sigma, P6148) durante 10 minutos. Após a fixação, as células foram lavadas uma vez com PBS e depois uma vez com água da torneira antes de serem coradas com 4'-6-diamidino-2-fenilindole (DAPI) (Sigma, D9564) e montadas em lâminas de vidro com propilgalato 0,1 M (Sigma, 02370). As lâminas foram visualizadas num microscópio fluorescente (Carl Zeiss, Axio Observer Z1).

3.4 LF-LILI/ HF-LILI

As células foram irradiadas com um laser de díodo de 636 nm (LTIAO00- PLT20- 636nm), 825 nm (101080908,ADR-1800) ou 1060 nm (M00228226, ITC 510) (Figura 12) fornecido pelo National Laser Center (NLC) da África do Sul. A potência de saída foi medida utilizando o medidor de potência laser FieldMate (Detetor S/N: 125J07R) e o valor foi utilizado para calcular o tempo de exposição. As células foram irradiadas com uma densidade de energia de 5, 10, 20 e 40 J/cm^2 . As células foram irradiadas por cima, à temperatura ambiente, com a tampa da placa de cultura aberta. A irradiação foi efectuada no escuro, omitindo variáveis incómodas que poderiam interferir com o efeito do laser, como a luz policromática. As culturas celulares foram divididas em 5 grupos de estudo. O grupo 1 foi um controlo não irradiado, o grupo 2 recebeu irradiação a 5 J/cm^2 , o grupo 3 foi irradiado a 10 J/cm^2 , o grupo 4 foi irradiado com uma fluência de 20 J/cm^2 e o grupo 5 com 40 J/cm^2 , todos com os respectivos comprimentos de onda. Após a irradiação, as células foram incubadas durante 24, 48 ou 72 h.

Figura 12. Laser de díodo de 636 nm utilizado para a irradiação.

As células pré-irradiação foram preparadas da seguinte forma: as CSC isoladas do pulmão foram semeadas numa concentração de 1 x 10^5 em pratos de plástico tratados com 3,5 cm de diâmetro.

Cada placa de Petri com células recebeu 3 ml de meio completo e foi incubada durante a noite para fixação. Após 24 h de incubação a 37^0 C, a monocamada foi lavada 3 vezes com HBSS, após o que foram adicionados mais 3 ml de meio completo antes da irradiação. Para calcular a quantidade de energia que as células iriam receber, a potência de saída do laser foi obtida utilizando um medidor de potência, o tempo de exposição foi calculado de modo a que as células recebessem energia com uma fluência de 5 - 40 J/cm^2 . A dosagem foi calculada da seguinte forma: Irradiância (J/cm^2) =

tempo (seg) x [potência (W)/superfície (cm^2)] (Chen *et al.*, 2008). A placa de cultura que contém as células isoladas foi então colocada diretamente no feixe de irradiação. O feixe de laser foi emitido através de uma fibra ótica de 0,5 mm de diâmetro, que permite uma distribuição uniforme da luz monocromática sobre as células em cultura. A ponta da fibra foi posicionada a uma distância adequada da placa de cultura. Durante a irradiação das células, conseguiu-se a iluminação de toda a placa de cultura, uma vez que o diâmetro do feixe foi fixado em 3,5 cm, permitindo que todas as células recebessem a mesma quantidade de energia do laser. Os parâmetros do laser são indicados no Quadro 2.

Tabela 2. Parâmetros laser utilizando os lasers de díodo de 636, 825 e 1060 nm.

PARAMETERS			
Laser type	Semiconductor (Diode)		
Wavelength (nm)	636	825	1060
Wave emission	Continuous	Continuous	Continuous
Power output (mW)	±85	±85	±85
Power density (mW/cm^2)	9.36	9.36	9.36
Spot size (cm^2)	9.1	9.1	9.1
Fluence (J/cm^2)	5, 10, 20 and 40	5, 10, 20 and 40	5, 10, 20 and 40
Duration of irradiation ± min, sec	8min 54sec, 17min 48sec, 35min 36sec and 71min 13sec	8min 54sec, 17min 48sec, 35min 36sec and 71min 13sec	8min 54sec, 17min 48sec, 35min 36sec and 71min 13sec

3.5 Análise de imagens de células vivas

Quaisquer alterações morfológicas das CSC isoladas do pulmão foram observadas e estudadas utilizando um microscópio de luz invertido (Wirsam, Olympus CKX41) 24, 48 ou 72 horas após a irradiação, tendo as alterações sido captadas utilizando a câmara Olympus SC30.

3.6 Ensaios de viabilidade

3.6.1 Ensaio de viabilidade ATP

O número de células viáveis que foram medidas baseou-se na quantificação do ATP presente. As células que ainda estão metabolicamente activas produzem ATP. Esta é uma indicação direta da atividade mitocondrial, uma vez que a energia é produzida através do organelo. Esta medição foi efectuada utilizando o ensaio de viabilidade celular luminescente CellTiter-Glo® (Promega, G7573), e a luminescência foi registada utilizando o Perkin Elmer, VICTOR3™ Multilabel Counter (modelo 1420) em unidades de luz relativa (RLUs).

Após os períodos de irradiação, as células foram ressuspendidas a uma concentração de 1×10^5 em 50 µl de meio completo. As células foram então adicionadas a uma placa de 96 poços com paredes opacas. Juntamente com um controlo de fundo que não continha células. Foram então adicionados 50 µl de reagente ATP a cada poço e misturados num agitador orbital durante 2 minutos para induzir a lise. A placa foi então incubada no escuro à temperatura ambiente durante 10 minutos, após o que o sinal luminescente foi lido utilizando o contador multilabel.

3.6.2 Ensaio de exclusão com azul de Tripan

O número de células viáveis foi determinado utilizando o teste de exclusão do corante. Com este ensaio, as células vivas (viáveis) com membranas intactas excluem determinados corantes, como o azul de tripan, e permanecem incolores, ao passo que as células mortas (não viáveis) retêm o corante e ficam azuis (Strober, 2001). Dez microlitros de suspensão celular foram adicionados a 10 µl de azul de tripano a 0,4% (Sigma Aldrich, T8154) e cuidadosamente misturados. Transferiu-se um volume de 10 µl para uma lâmina de câmara, que foi depois inserida num contador de células automatizado (Countess® Automated Cell Counter) que representa visualmente as células e determina eletronicamente a percentagem de células viáveis.

3.7 Ensaios de proliferação

3.7.1 Ensaio de proliferação com Alamar Blue

A proliferação celular foi medida utilizando o alamarBlue®. Observa-se uma reação colorimétrica quando a resazurina, um corante azul que é, por sua vez, fracamente fluorescente, é irreversivelmente reduzida à resorufina de cor rosa e altamente fluorescente. A resazurina é efetivamente reduzida nas mitocôndrias, o que a torna útil para avaliar a atividade metabólica mitocondrial. Esta reação é normalmente observada em células viáveis, uma vez que estas convertem continuamente a resazurina em resorufina, gerando assim uma medida quantitativa da proliferação. O reagente AlamarBlue® (Invitrogen™, AlamarBlue® DAL1025) foi utilizado para realizar a experiência, em que a fluorescência foi medida utilizando o Victor-3

(Perkin-Elmer, Separation Scientific) a Exnm/Emnm 560/590.

No ensaio, 10 µl de alamarBlue® foram adicionados a 100 µl de suspensão de células para uma concentração final de 10% (v/v) numa placa de 96 poços. A placa foi incubada durante 3 h a 37° C, 5% de CO_2 e 85% de humidade no escuro.

Foi incluído um poço de fundo com 100 µl de meio e o valor de absorvância obtido com o controlo de fundo foi deduzido do valor de absorvância dos outros poços.

3.7.2 Proliferação de ATP

O ATP é o transportador especializado de energia dentro de uma célula. A quantificação de ATP indica a presença de células metabolicamente activas. O ensaio de luminescência do ATP foi efectuado para avaliar a proliferação celular utilizando o ensaio de proliferação celular luminescente CellTiter-Glo® (Promega, G7570). O ensaio de ATP explora as propriedades da luciferase para gerar um sinal luminescente sensível e estável e evita o ATP endógeno libertado durante a lise celular.

Foram adicionados 50 microlitros de reagente ATP CellTiter-Glo® a um volume equivalente de suspensão celular numa placa de 96 poços com paredes opacas (BD Biosciences, 353296). A placa foi misturada num agitador orbital a 250 rpm (Heidolph Polymax Orbital, Labotec, 1040) durante 2 minutos para induzir a lise e incubada durante 10 minutos à temperatura ambiente no escuro. A aplicação conduziu à produção de um sinal luminescente que foi medido utilizando um contador Multilabel (Perkin Elmer, VICTOR3™, 1420) em RLU. Para um controlo de fundo, foram incluídos 50 µl de meio num poço que não continha células. O valor de RLU obtido no poço de controlo de fundo foi deduzido de todos os valores de RLU dos poços que continham amostras.

3.8 Ensaio de citotoxicidade LDH

A citotoxicidade foi avaliada medindo a quantidade de LDH libertada do citosol devido a danos na membrana. Esta oxidoredutase interconverte o lactato em piruvato. A sua libertação do citosol conduz a um aumento invulgar da enzima na corrente sanguínea *in vivo* ou nos meios de cultura *in vitro*. No ensaio colorimétrico não radioativo, a LDH reage para converter um sal de tetrazólio (no reagente reconstituído, forma oxidada) num produto formazan vermelho quantificável (forma reduzida) numa reação dependente do NADH. O produto desta reação enzimática é proporcional ao número de células que foram lisadas ou danificadas.

A citotoxicidade foi avaliada utilizando o ensaio de citotoxicidade não radioativo CytoTox96® (Promega, G400). Cinquenta microlitros de reagente reconstituído foram adicionados a um volume igual de meio de cultura numa placa de 96 poços e incubados no escuro à temperatura ambiente durante 30 minutos. O composto colorimétrico foi medido espectrofotometricamente a 490 nm, utilizando um contador de etiquetas múltiplas (Perkin Elmer, VICTOR3™, 1420).

3.9 Análise quantitativa da apoptose celular

Para medir a morte celular após a irradiação, utilizou-se o iodeto de propídio (PI) da Anexina V. O ensaio deu uma indicação da morte celular como necrótica ou apoptótica. O teste utiliza corantes marcados com fluorescência que são depois lidos com um citómetro de fluxo, quantificando a quantidade de células marcadas com fluorescência. A coloração fluorescente permite distinguir entre as diferentes mortes celulares, uma vez que a apoptose é indicada pela coloração de Anexina V e a necrose por PI. Um dos primeiros eventos da apoptose inclui a translocação da fosfatidilserina (PS) da membrana do lado interno da membrana plasmática para a superfície. A Anexina V, uma proteína de ligação a fosfolípidos dependente de Ca^{2+} , tem uma elevada afinidade para a PS, e a Anexina V marcada com fluorocromos pode ser utilizada para a deteção da PS exposta por citometria de fluxo. A translocação de PS precede a perda de integridade da membrana, que acompanha as últimas fases da morte celular resultante de processos apoptóticos ou necróticos. O PI é utilizado para a identificação de células apoptóticas tardias. As células viáveis com membranas intactas excluem o PI, ao passo que as membranas das células mortas e danificadas são permeáveis ao PI, que se liga então aos ácidos nucleicos expostos.

Após o tratamento com LILI às 24 h, as células foram destacadas e lavadas com HBSS. As células foram ressuspendidas em tampão de ligação 1X a uma concentração de 1×10^6 células/ml e 100 µl da suspensão celular foram transferidos para tubos de citometria de fluxo. Foram adicionados cinco microlitros de cada um dos reagentes Annexin V-FITC e PI (BD Pharmingen™, 559763) e os tubos foram bem misturados e incubados durante 10 minutos à temperatura ambiente no escuro. No espaço de 1 h, foi efectuada uma análise citométrica de fluxo no citómetro de fluxo BD (BD Accuri™ C6 Cytometer) e a Anexina V-FITC e o PI foram detectados como uma fluorescência verde e vermelha, respetivamente.

3.10 Estatísticas

Os resultados foram acumulados e processados utilizando a versão Sigma plot

12. Todos os ensaios foram repetidos pelo menos quatro vezes. Todas as barras de erro representam o erro padrão da média (SEM) (n = 4). Para a avaliação estatística, foi utilizado o teste t de Student emparelhado e a significância foi definida como p<0,05(*), p<0,01(**) ou p<0,001(***). Para a análise da intensidade da emissão de fluorescência, foi efectuada uma subtração de fundo para todos os dados.

CAPÍTULO 4

RESULTADOS

Uma população lateral de células, positivas para o marcador antigénico CD 133, foi obtida a partir de uma linha celular de cancro do pulmão A549. Estas células foram tratadas com LILI utilizando fluências de 5 J/cm^2 - 40J/cm^2 de lasers com comprimentos de onda de 636, 825 e 1060 nm. Após a irradiação, foram efectuados ensaios bioquímicos ao fim de 24, 48 e 72 horas. Foram efectuados ensaios que incluíram a viabilidade, a proliferação, a citotoxicidade e a morte celular, o que constitui uma indicação do resultado do tratamento. Estes ensaios apresentaram um efeito bio-estimulador ou bio-inibitório. Os significados estatísticos são indicados nas figuras e tabelas em conformidade ($P < 0,05$ (*), $P < 0,01$ (**) e $P < 0,001$ (***)).

4.1 Deteção de proteínas CD 133

4.1.1 Citometria de fluxo

Para identificar se a população de células isoladas possuía o marcador CD 133, que indica o carácter estaminal, as células foram caracterizadas por citometria de fluxo e marcação com anticorpos. A marcação imunofluorescente utilizando FITC como marcador fluorescente ligado a um anticorpo secundário foi utilizada para se ligar ao antigénio CD 133 na superfície das CSC. A expressão do marcador foi observada nas CSC isoladas do pulmão, bem como na linha de células de controlo positivo CaCo2, quando a população de células foi selecionada para identificação positiva. Não foi observada qualquer fluorescência na linha celular de controlo negativo SKUT-1. A expressão positiva do marcador antigénico de superfície CD 133 indicou o isolamento positivo das CSC do pulmão. A maioria da população de células foi identificada como CSC. Os resultados indicaram que as células isoladas tinham sido caracterizadas como CD 133 positivas, como se mostra na Figura 13.

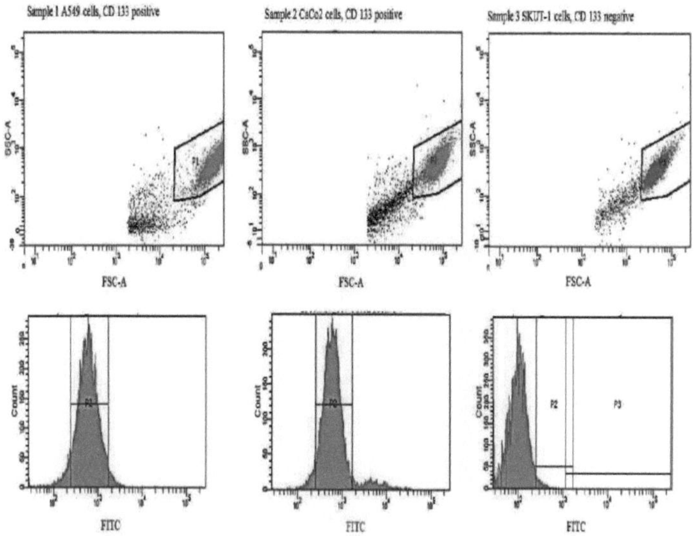

Figura 13. Identificação de células positivas para CD 133. As amostras 1 e 2 são CSC isoladas do pulmão e o controlo positivo CaCo2, que foram marcadas com CD 133, o que indica uma identificação positiva de CD 133. A amostra 3, que é o SKUT-1, o controlo negativo, apresenta uma gating fora da população, o que indica uma identificação negativa do marcador CD 133.

4.1.2 Microscopia fluorescente

A expressão do marcador de células estaminais CD 133 após o isolamento das CSC foi determinada por imunofluorescência indireta (Figura 14). As CSC isoladas do pulmão expressaram o marcador de superfície CD 133, bem como a linha celular de controlo positivo CaCo2.

positiva da linha celular de controlo CaCo2. Não foi observada qualquer fluorescência na linha celular de controlo negativo SKUT-1. O DAPI foi utilizado para contracoloração dos núcleos. A expressão positiva do marcador antigénico de superfície CD 133 indicou o isolamento positivo das CSC do pulmão.

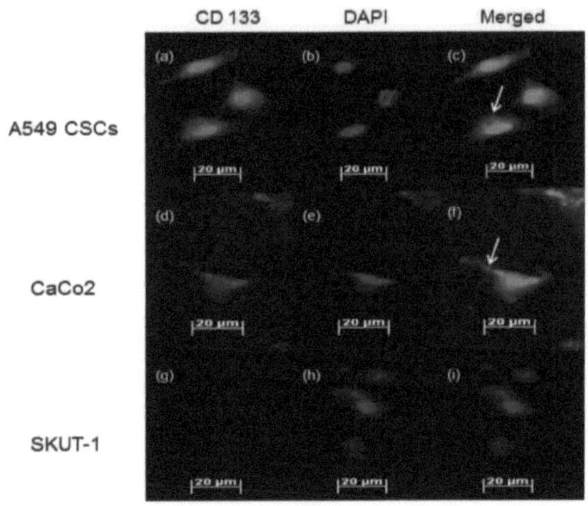

Figura 14. Coloração de imunofluorescência CD 133-FITC e DAPI de CSCs pulmonares isoladas e linhas celulares de controlo CaCo2 e SKUT-1. Foi observada fluorescência verde no isolamento positivo de CSC do pulmão (a), bem como na linha celular de controlo positivo CaCo2 (d). Não se observou qualquer fluorescência verde na linha celular de controlo negativo SKUT-1 (g). Todas as linhas celulares foram contra-coradas com DAPI, indicado pela fluorescência azul observada nos núcleos (b, e e h). As imagens c, f e i são imagens fluorescentes fundidas das linhas celulares marcadas.

4.2 Análise de imagens de células vivas

As alterações morfológicas das CSC de pulmão são demonstradas para os comprimentos de onda 636, 825 e 1060 nm nas Figuras 15, 16 e 17, respetivamente. As células de controlo não irradiadas não demonstraram alterações morfológicas mesmo após vários intervalos de tempo e mantiveram a forma e o tamanho das células (a, b e c). As células irradiadas expostas a uma fluência de 5, 10 e 20 J/cm^2 não apresentaram qualquer disparidade morfológica em comparação com as células de controlo não tratadas (d-l). A 10 J/cm^2 todos os comprimentos de onda indicaram um aumento da proliferação celular em comparação com os controlos. As células irradiadas com uma fluência de 40 J/cm^2 mostraram stress celular causado por uma energia elevada de irradiação (m). As alterações morfológicas incluíram a desintegração celular, em que as células perderam a sua aderência, juntamente com o arredondamento das células. Embora as células parecessem redimir-se após 48 e 72 horas (n-o). As alterações gerais observadas foram a densidade celular, que aumentou ao longo do tempo à medida que as células proliferavam. Todas as células cresceram como uma monocamada com morfologia epitelial com forte proliferação e propriedades de adesão que foram melhoradas por LI-LILI, exceto a proliferação e adesão atrofiadas observadas quando se utilizou HF-LILI.

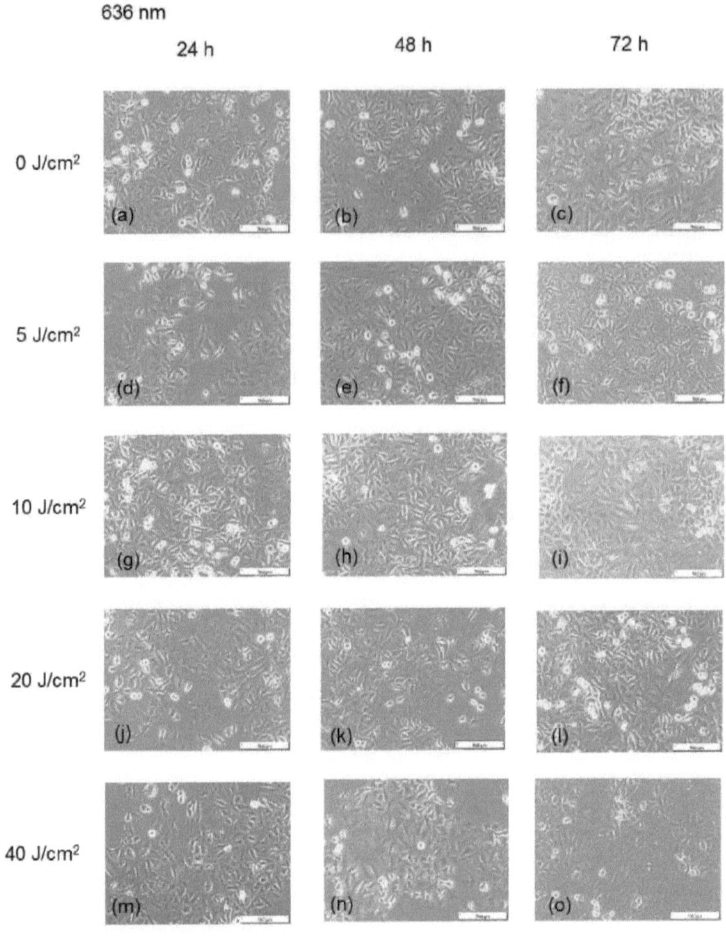

Figura 15. Morfologia de CSCs isoladas do pulmão irradiadas a 636 nm. As células de controlo não receberam irradiação (a-c). As células tratadas receberam irradiação a 5 J/cm^2 (d-f), 10 J/cm^2 (g-i), 20 J/cm^2 (j-l) e 40 J/cm^2 (m-o).

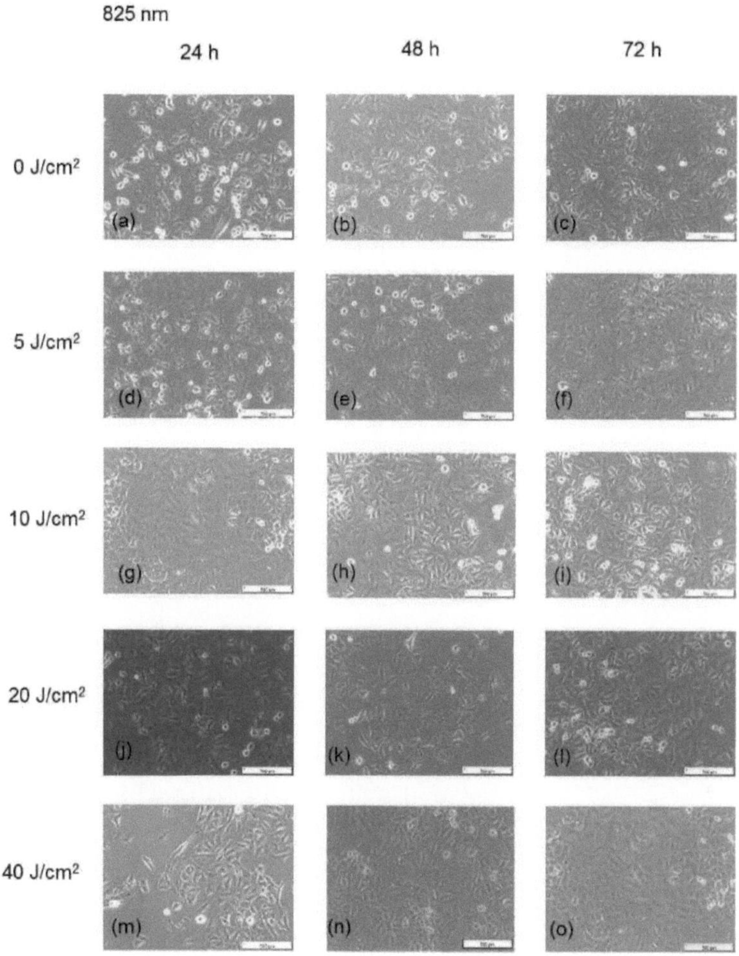

Figura 16. Morfologia de CSCs isoladas do pulmão irradiadas a 825 nm. As células de controlo não receberam irradiação (a-c). As células tratadas receberam irradiação a 5 J/cm^2 (d-f), 10 J/cm^2 (g-i), 20 J/cm^2 (j-l) e 40 J/cm^2 (m-o).

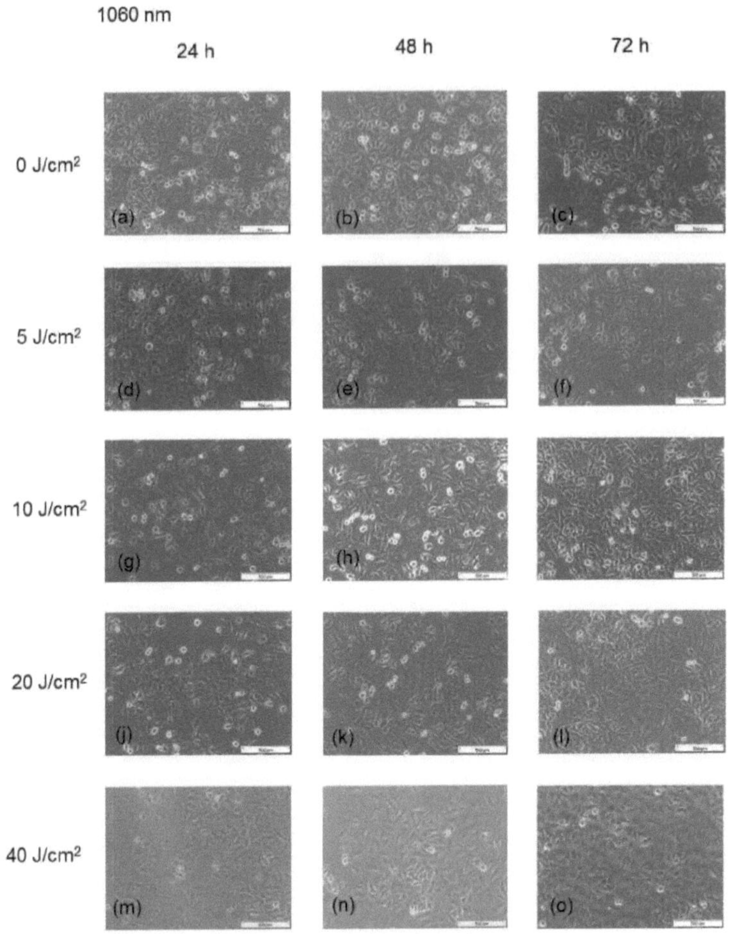

Figura 17. Morfologia de CSCs isoladas do pulmão irradiadas a 1060 nm. As células de controlo não receberam irradiação (a-c). As células tratadas receberam irradiação a 5 J/cm^2 (d-f), 10 J/cm^2 (g-i), 20 J/cm^2 (j-l) e 40 J/cm^2 (m-o).

4.3 Ensaios de viabilidade

4.3.1 Ensaio de viabilidade ATP

O número de células viáveis que foram medidas baseou-se na quantificação do ATP presente. As células que ainda estão metabolicamente activas produzem ATP. Esta produção foi medida utilizando um kit de absorvância de ATP que mede os níveis de ATP por célula. Trata-se de uma indicação direta da atividade mitocondrial, uma vez que a energia é produzida através do organelo. Os resultados da viabilidade do ATP são apresentados nas Figuras 18, 19 e 20. Observou-se um aumento definitivo em todos os comprimentos de onda quando se aplicou uma energia de 5 - 10 J/cm^2 ao comparar as amostras de teste com os respectivos grupos de controlo. A 20 J/cm^2 todos os comprimentos de onda indicaram que não houve estimulação nem inibição ao nível de energia específico e que as amostras de ensaio e de controlo mantiveram níveis mitocondriais semelhantes. Foram observadas diferenças estatisticamente significativas entre o ensaio e os controlos quando se comparou o nível de energia de 40 J/cm^2 nos comprimentos de onda de 636, 825 e 1060 nm. Isto indica que diferentes comprimentos de onda actuam sobre as mitocôndrias em comprimentos de onda e fluências específicos. Embora tenha sido demonstrado pouco efeito quando se utilizou um comprimento de onda de 1060 nm.

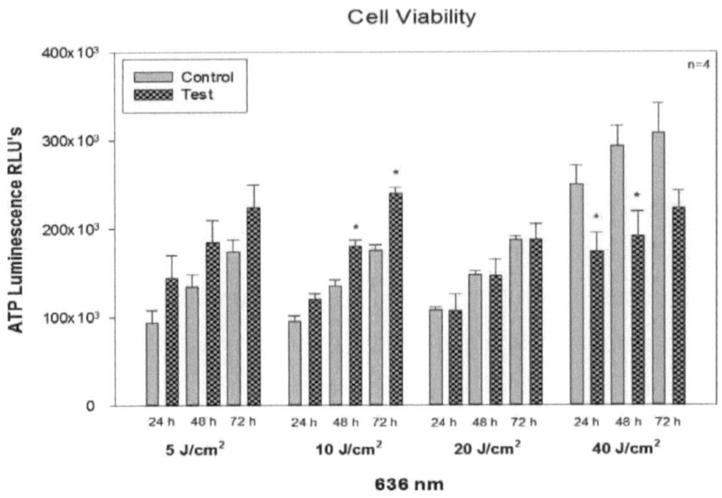

Figura 18. Viabilidade do ATP de CSCs isolados do pulmão irradiados a 636 nm e a 5, 10, 20 e 40 J/cm^2. Observa-se um aumento significativo da viabilidade celular a 10 J/cm^2 após a irradiação de 48 e 72 h ($p < 0,05$). A viabilidade celular diminui após receber irradiação de 40 J/cm^2 às 24 e 48h ($p < 0,05$). ($p<0,05$(*), $p<0,01$(**) ou $p<0,001$(***))

A atividade mitocondrial foi estimulada, mostrando um aumento do nível de ATP quando as CSC isoladas do pulmão foram irradiadas a um comprimento de onda de 636 nm com uma fluência de 10 J/cm^2. Foi alcançada uma significância estatística de $p< 0,05$ (*) quando se compararam as amostras de teste com os respectivos controlos às 48 h e 72 h. Embora se tenha observado um aumento provável às 24 h, este não atingiu a significância. A 40 J/cm^2 verificou-se uma diminuição da atividade mitocondrial após 24 h e 48 h de irradiação ($p < 0,05$). Às 72 horas, a recuperação foi notada pela diferença entre os grupos de controlo e de teste, mas não foi significativa. Isto deveu-se muito provavelmente às características de auto-renovação das CSC.

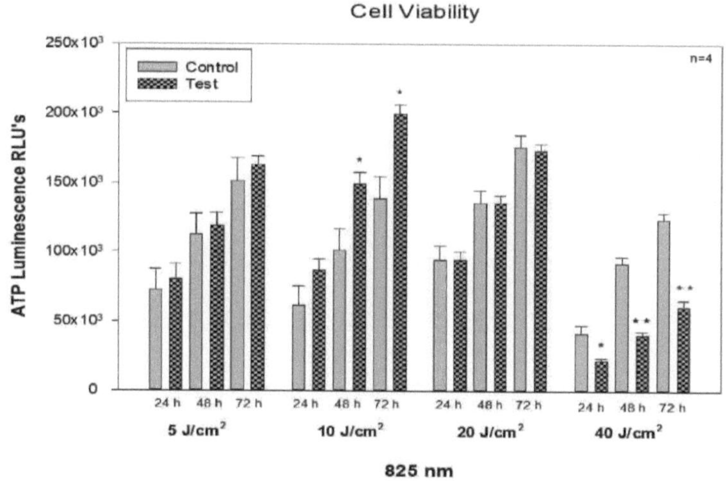

Figura 19. Viabilidade do ATP de CSCs isolados do pulmão irradiados a 825 nm e a 5, 10, 20 e 40 J/cm^2. Foram observados aumentos significativos na viabilidade celular após a irradiação de 10 J/cm^2 às 48 e 72 h ($p<0,05$). Após a irradiação, observa-se uma diminuição significativa da viabilidade celular quando se recebe irradiação de 40 J/cm^2 às 24 h ($p<0,05$), bem como às 48 e 72 h ($p<0,01$). ($p<0,05$(*), $p<0,01$(**) ou $p<0,001$(***))

A irradiação de 825 nm com uma fluência de 10 J/cm^2 apresenta resultados semelhantes aos da irradiação com um comprimento de onda de 636 nm. Observa-se um aumento definitivo nos níveis de ATP após 24 horas de irradiação, embora não seja significativo. Observaram-se mudanças significativas às 48 h e 72 h ($p < 0,05$), onde se produziu uma estimulação na mitocôndria ao longo do tempo. Observou-se uma diminuição significativa na atividade mitocondrial quando se utilizou uma fluência mais elevada de 40 J/cm^2, atingindo uma significância estatística de $p < 0,05$ às 24 h e aumentando ao longo do tempo às 48 h e 72 h, atingindo um valor de $p < 0,01$.

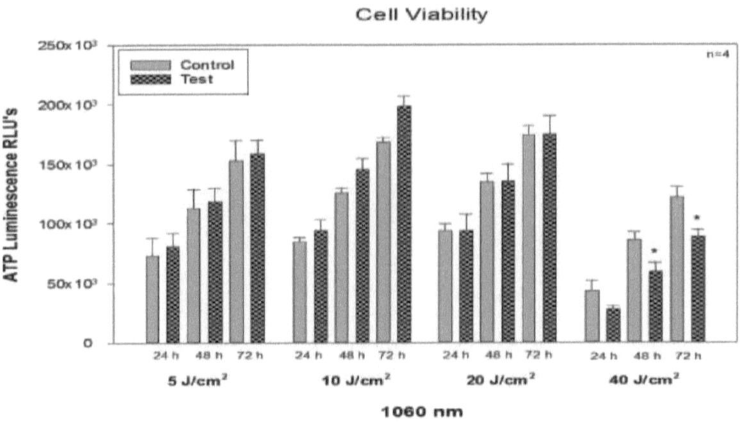

Figura 20. Viabilidade do ATP dos CSC isolados do pulmão irradiados a 1060 nm e a 5, 10, 20 e 40 J/cm^2. Observa-se uma diminuição significativa da viabilidade celular após a irradiação de 40 J/cm^2 às 48 e 72 h ($p<0,05$). ($p<0,05$(*), $p<0,01$(**) ou $p<0,001$(***))

A estimulação mitocondrial foi mínima quando se irradiaram CSCs isoladas do pulmão com um comprimento de onda de 1060 nm. Os controlos e as amostras de ensaio apresentaram todos níveis semelhantes de ATP, não sendo nenhum deles significativo. Uma exceção foi observada a 40 J/cm^2, onde se verificou uma diminuição significativa dos níveis de ATP após 48 h e 72 h de irradiação. Estes resultados podem ser devidos ao facto de a HF-LILI ter um comprimento de onda próximo da gama de infravermelhos, em que a energia é absorvida na água, produzindo um efeito térmico em vez de um efeito bio-modulador.

4.3.2 Ensaio de exclusão com azul de Tripan

A exclusão do azul de Tripan foi utilizada para estimar a proporção de células viáveis e de células não viáveis numa população. O corante azul de tripano será excluído das membranas intactas das células, uma vez que as células vivas mantêm a integridade das membranas. Ao passo que as células que estão a morrer têm a integridade da membrana diminuída, permitindo que o corante entre na célula, aparecendo como uma estrutura circular azul quando vista com o contador automático de células countess, após o que a máquina calculou uma percentagem de viabilidade da população de células. A percentagem de viabilidade das células após irradiação com LILI a 636 nm, 825 nm e 1060 nm com LF-LILI de 5, 10 e 20 J/cm^2 e HF-LILI de 40 J/cm^2 é demonstrada nas Tabelas 3, 4 e 5.

Tabela 3. Percentagem de viabilidade em azul de Tripan dos CSC isolados do pulmão CD133 medida a 636 nm.

		636 nm							
		5 J/cm^2		10 J/cm^2		20 J/cm^2		40 J/cm^2	
24 h	Control	89,25	±1,65	86,25	±1,88	83,00	±2,12	84,25	±1,93
	Test	87,50	±2,02	90,75	±2,28	83,00	±2,67	78,75	±2,09
48 h	Control	87,75	±0,85	83,75	±2,86	86,00	±2,27	89,00	±1,41
	Test	89,50	±1,32	88,75	±2,86	87,75	±2,28	83,50	* ± 1,32
72 h	Control	88,25	±1,37	87,00	±1,47	88,50	±1,55	89,00	±1,68
	Test	88,50	±1,93	92,00	±1,47	89,25	±1,10	82,00	** ± 1,47

$p<0.05$(*), $p<0.01$(**) or $p<0.001$(***)

A percentagem de células viáveis após a irradiação não revelou qualquer aumento significativo da viabilidade quando se utilizaram fluências de 5 - 20 J/cm^2 . No entanto, observou-se uma diminuição significativa da viabilidade quando se utilizou HF-LILI de 40 J/cm^2 às 48h e 72h. Isto indicou danos na membrana das células irradiadas, o que levou a uma diminuição da percentagem de viabilidade.

Tabela 4. Percentagem de viabilidade em azul de Tripan dos CSC isolados do pulmão CD133 medida a 825 nm.

		825 nm							
		5 J/cm²		10 J/cm²		20 J/cm²		40 J/cm²	
24 h	Control	86,25	±1,88	83,00	±2,12	89,00	±1,68	87,75	±0,85
	Test	88,25	±1,88	93,00	* ±2,12	87,75	±2,13	77,75	*** ±0,85
48 h	Control	86,00	±2,27	89,00	±1,41	78,75	±2,09	88,25	±1,37
	Test	88,00	±2,27	96,50	** ±1,25	83,25	±2,28	78,25	*** ±1,18
72 h	Control	84,25	±1,93	87,00	±1,47	82,00	±1,47	86,25	±1,88
	Test	86,25	±1,93	96,75	** ±1,31	80,75	±2,05	74,00	** ±2,16

$p<0.05(*)$, $p<0.01(**)$ or $p<0.001(***)$

A LILI usando um comprimento de onda de 825 nm teve alterações significativas na viabilidade percentual de CSCs de pulmão isoladas. Foram observadas significâncias estatísticas para 10 J/cm^2 às 24h ($p < 0,05$), 48 h ($p < 0,01$) e 72 h ($p < 0,01$). Indicando que as LILI têm um efeito crescente na viabilidade, levando a uma maior integridade da membrana. Foi observada uma diminuição significativa para 40 J/cm^2 para os períodos de incubação de 24h e 48 h ($p < 0,001$). Às 72 h, foi observada uma diminuição significativa da viabilidade de $p < 0,01$. A HF-LILI teve uma viabilidade severamente reduzida, indicando uma diminuição da integridade da membrana.

Tabela 5. Percentagem de viabilidade em azul de Tripan dos CSC isolados do pulmão CD133 medida a 1060 nm.

1060 nm									
		5 J/cm²		10 J/cm ²		20 J/cm²		40 J/cm²	
24 h	Control	89,00	±1,68	84,25	±1,93	83,00	±2,12	87,75	±0,85
	Test	88,50	±0,64	87,75	±1,88	85,00	±1,58	84,75	,85
48 h	Control	82,00	±1,47	86,00	\±2,27	78,25	±1,18	88,25	±1,37
	Test	85.00	±0,85	89,00	±2,27	77,75	±1,49	84,25	±1,93
72 h	Control	87,00	±1,47	86,25	±1,88	86,25	±1,88	82,00	±1,47
	Test	89,00	±1,58	89,25	±1,88	84,50	±1,84	78,00	±1,22

$p<0.05(^*)$, $p<0.01(^{**})$ or $p<0.001(^{***})$

A irradiação de CSCs isoladas do pulmão a 1060 nm não produziu qualquer efeito significativo na viabilidade das células. Foi observada uma diminuição significativa quando se utilizou HF-LILI de 40 J/cm^2 às 24 horas após a irradiação. Após 48 h e 72 h, a percentagem de viabilidade era semelhante à dos controlos.

4.4 Ensaios de proliferação

4.4.1 Ensaio de proliferação com Alamar Blue

As quantidades de células em proliferação foram medidas utilizando Alamar Blue. Este ensaio mediu a atividade metabólica mitocondrial após o tratamento, uma vez que as células viáveis geram uma medida quantitativa da proliferação. A medição foi lida como um valor de absorvância visto nas Figuras 21, 22 e 23. A proliferação medida a 636 nm mostrou uma diminuição significativa

A proliferação medida a 636 nm revelou uma diminuição significativa da proliferação ao nível de energia de 40 J/cm^2 ($p<0,05$) quando se comparam as amostras de teste com os respectivos grupos de controlo. Isto indica que o nível de energia mais elevado induziu a redução das mitocôndrias, levando a uma diminuição da proliferação. Observou-se um aumento da proliferação para a irradiação com 825 nm e um nível de energia de 10 J/cm^2 , indicando uma significância de $p < 0,05$. Ao passo que se observou pouca variação com 5 e 20 J/cm^2 , não se registando diferenças estatísticas. Observou-se uma diminuição substancial da proliferação a 40 J/cm^2 com um significado estatístico de $p < 0,05$, indicando um efeito inibitório na atividade mitocondrial do grupo de teste após o tratamento com LILI. A proliferação a 1060 nm indicou um aumento mínimo da proliferação ao comparar as amostras de teste com os respectivos controlos, sem significado estatístico ao receber energia com fluências entre 5 - 20 J/cm^2 . Verificou-se uma diminuição da proliferação quando se comparou o grupo de tratamento de 40 J/cm^2 , mas não foi estatisticamente significativa, indicando uma estimulação mínima das mitocôndrias quando se utilizou 1060 nm.

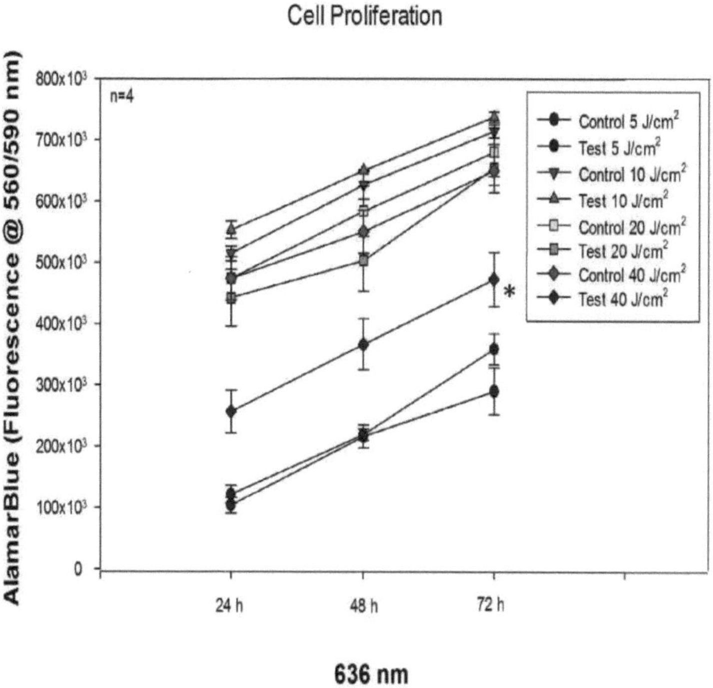

Figura 21. Proliferação com AlamarBlue de CSC isoladas do pulmão irradiadas a 636 nm e 5, 10, 20 e 40 J/cm2. Observou-se uma diminuição significativa da proliferação celular após a irradiação de 40 J/cm2 durante um período de 24 a 72 horas (p<0,05(*), p<0,01(**) ou p<0,001(***))

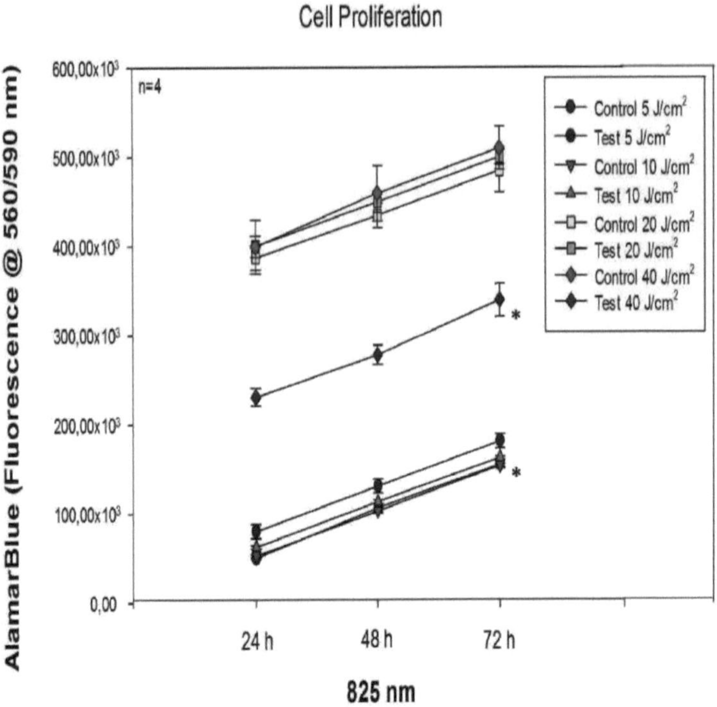

Figura 22. Proliferação com AlamarBlue de CSC isoladas do pulmão irradiadas a 825 nm e a 5, 10, 20 e 40 J/cm². Foi observado um aumento significativo da proliferação celular com 10 J/cm² entre 24 e 72 h. Registou-se uma diminuição da proliferação celular com 40 J/cm² durante um período de 24 a 72 h. (p<0,05(*), p<0,01(**) ou p<0,001(***))

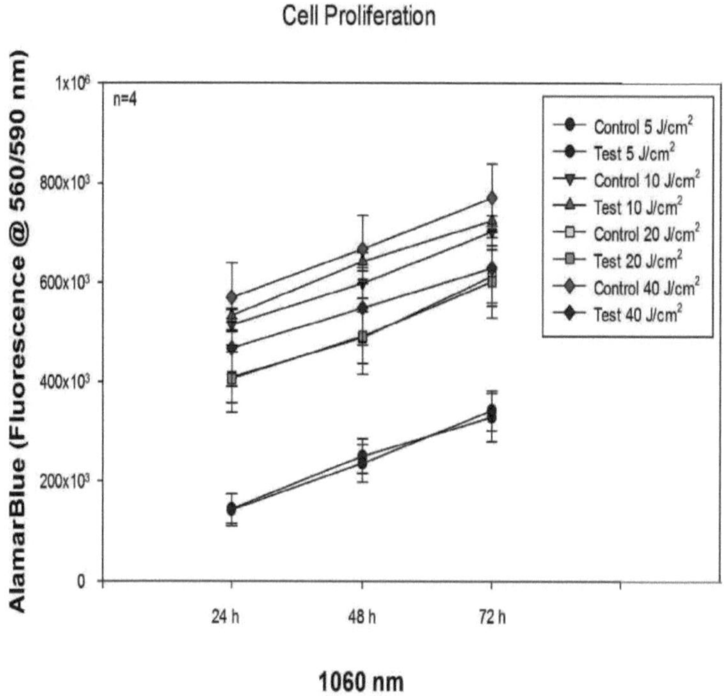

Figura 22. Proliferação com AlamarBlue de CSCs isoladas do pulmão irradiadas a 825 nm e 5, 10, 20 e 40 J/cm^2. Não foram observadas significâncias estatísticas na proliferação celular. ($p<0,05$(*), $p<0,01$(**) ou $p<0,001$(***))

4.4.2 Proliferação de ATP

A proliferação celular pode ser medida de acordo com os níveis de ATP presentes durante um período de tempo. As células metabolicamente activas produzem maiores quantidades de ATP do que as células que estão a começar a morrer. Estes níveis podem ser medidos em vários intervalos de tempo para produzir uma tendência de crescimento tendência de crescimento das células viáveis. O ATP induzirá a proliferação nas células, que é diretamente proporcional à taxa metabólica das células controlada pela mitocôndria. Os resultados são indicados da seguinte forma (Fig. 23 - 25). Todas as amostras indicaram um aumento da proliferação à medida que o tempo passava de 24 h para 72 h. Isto deveu-se ao facto de as células metabolicamente activas ajudarem na taxa de proliferação.

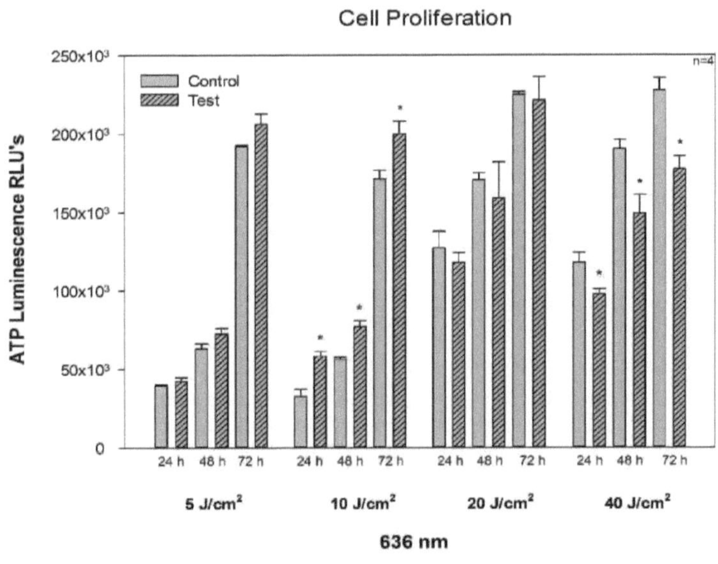

Figura 23. Proliferação de ATP das CSC isoladas do pulmão CD 133 medida a 636 nm. Todas as amostras de ensaio irradiadas foram comparadas com os respectivos controlos. As amostras de ensaio receberam irradiação a uma fluência de 5 - 40 J/cm^2 . Foram observadas significâncias estatísticas a 10 J/cm^2 com um aumento da proliferação com um valor de p <0,05 (*). Foi observada uma diminuição significativa da proliferação a 40 J/cm^2 indicando um p<0,05 (*). As alterações observadas a 5 J/cm^2 e a 20 J/cm^2 não foram significativas. (p<0,05(*), p<0,01(**) ou p<0,001(***))

A irradiação a 636 nm produziu um aumento definitivo da proliferação celular, que aumentou após cada período de incubação de 24 horas. Foram observadas alterações significativas a 10 J/cm^2 , onde as amostras de teste, em comparação com os seus controlos, tiveram uma estimulação significativa da atividade mitocondrial, levando a um aumento dos níveis de ATP ($p < 0,05$). Esta alteração foi observada nos três períodos de incubação. No entanto, foi observada uma diminuição significativa para 40 J/cm^2 ($p < 0,05$), em que a irradiação induziu uma diminuição da atividade metabólica utilizando uma fluência elevada de LILI.

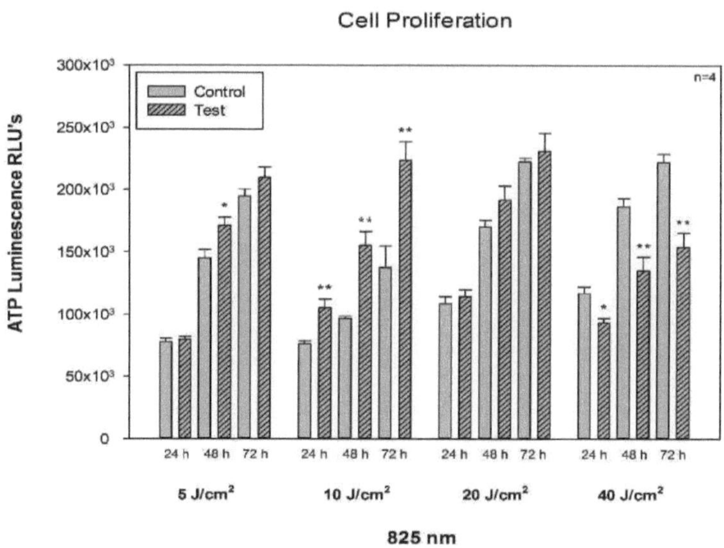

Figura 24. Proliferação de ATP das CSC isoladas do pulmão CD 133 medida a 825 nm. Todas as amostras de ensaio irradiadas foram comparadas com os respectivos controlos. As amostras de ensaio receberam irradiação a uma fluência de 5 - 40 J/cm^2. Foram observadas significâncias estatísticas a 10 J/cm^2 com um aumento da proliferação com um valor de $p <0,01$ (**). Foi observada uma diminuição significativa da proliferação com 40 J/cm^2 indicando um $p<0,01$ (**). Foi observada uma diferença significativa para 5 J/cm^2, $p<0,05$ às 48h. Outras alterações observadas a 5 J/cm^2 e 20 J/cm^2 não mostraram qualquer significado. ($p<0,05$(*), $p<0,01$(**) ou $p<0,001$(***))

Os resultados indicaram que a irradiação de CSCs de pulmão isoladas a 825 nm teve os efeitos mais significativos na taxa metabólica celular, uma vez que a maioria das fluências apresentou uma alteração significativa nos níveis de ATP. Foi observado um aumento na proliferação a 5 J/cm^2 após três períodos de incubação de 24 horas cada. Foi observada uma significância às 48 horas ($p < 0,05$). A avaliação das amostras de teste após a irradiação de 10 J/cm^2 mostrou alterações significativas com um valor de $p < 0,01$ para todos os períodos de incubação, tendo efeitos mais significativos do que 636 nm e 1060 nm. A irradiação a 20 J/cm^2 não produziu alterações significativas quando se compararam os ensaios com os respectivos controlos, embora se tenha observado uma tendência semelhante na proliferação ao longo do tempo. Observou-se uma diminuição definitiva dos níveis de ATP após LILI de 40 J/cm^2 . Após 24 horas, foi observada uma diminuição significativa de $p < 0,05$ e, entre 48 e 72 horas, uma diminuição de $p < 0,01$ em ambos os períodos de incubação. Esta diminuição significativa mostrou-se maior do que a de 636 nm e 1060 nm.

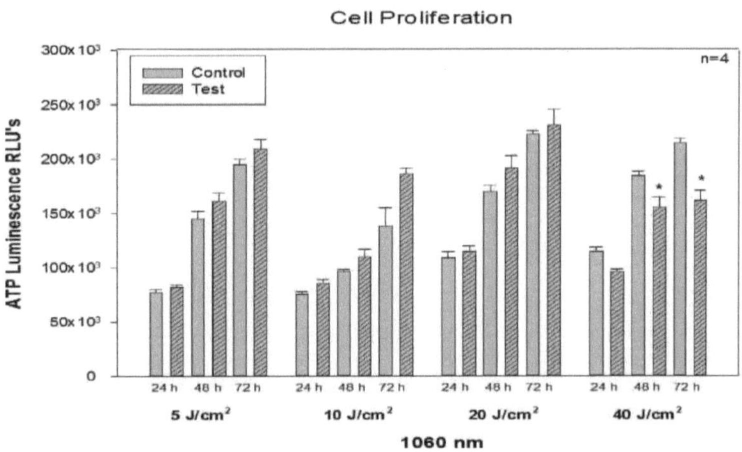

Figura 25. Proliferação de ATP de CSCs isoladas de pulmão CD 133 medida a 1060 nm e a 5, 10, 20 e 40 J/cm2. Foi observada uma diminuição significativa da proliferação a 40 J/cm2 após 28 e 72 h, indicando p<0,05 (**). (p<0,05(*), p<0,01(**) ou p<0,001(***))

Todas as amostras e controlos proliferaram a uma taxa semelhante durante um período de tempo de 24 h - 72 h quando irradiadas a 1060 nm. Embora tenha sido observada uma alteração significativa nos níveis de ATP a 40 J/cm^2 após a irradiação de 48 h e 72 h (p <

0,05), que pode ser atribuída a um aumento da fluência que teve um efeito decrescente na atividade metabólica das CSC isoladas do pulmão ao longo do tempo. Este efeito pode ser atribuído a uma influência térmica e não biológica.

4.5 Ensaio de citotoxicidade LDH

O nível de LDH libertado foi avaliado utilizando o ensaio de citotoxicidade não radioativo CytoTox96®, que mediu a quantidade de LDH libertada para os meios de cultura. Esta medição descreve o grau de danos celulares relacionados com os danos nas membranas das CSC isoladas do pulmão. A LDH que foi libertada do citosol foi quantificada por medição da absorvância. As células tratadas, quando comparadas com os seus controlos, libertaram quantidades notáveis, embora estatisticamente insignificantes, de LDH em todos os comprimentos de onda, utilizando fluências de 5 - 20 J/cm^2 com valores de absorvância semelhantes. Foi observado um aumento dos danos celulares com o tratamento de 40 J/cm^2 nos comprimentos de onda de 636 nm, 825 nm e 1060 nm, em comparação com os controlos e outras fluências, o que foi significativo, com um valor de $p < 0,05$ (quadros 6, 7 e 8).

Tabela 6. Citotoxicidade da LDH dos CSC isolados do pulmão CD133 medida a 636 nm. As amostras de teste receberam irradiação de 5- 40 J/cm2. Apenas foi observada uma quantidade significativa de toxicidade quando se compararam as amostras de teste com os respectivos controlos a 40 J/cm2 (p<0,05 *). Outras comparações não produziram qualquer citotoxicidade significativa para a LDH.

636 nm							
		24h		48h		72h	
5 J/cm²	Control	0,3470	±0	0,3950	±0	0,3900	±0
	Test	0,3440	±0	0,3883	±0	0,4008	±0,01
10J/cm²	Control	0,3980	±0	0,4360	±0	0,4470	±0
	Test	0,4263	±0,01	0,4540	±0,01	0,4513	±0,01
20 J/cm²	Control	0,5630	±0	0,6080	±0	0,6490	±0
	Test	0,6183	±0,02	0,6123	±0	0,6535	±0,02
40J/cm²	Control	0,6780	±0	0,7100	±0	0,6580	±0
	Test	1,1998	*±0,11	0,9570	*±0,04	0,8673	*±0,01

(p<0.05(*), p<0.01(**) or p<0.001(***))

Tabela 7. Citotoxicidade da LDH dos CSC isolados do pulmão CD133 medida a 825 nm. As amostras de teste receberam irradiação de 5- 40 J/cm². Quando se comparam as amostras de teste com os respectivos controlos não irradiados, apenas 40 J/cm² mostrou uma libertação significativa de LDH ($p < 0,05$ *). As outras comparações não revelaram qualquer citotoxicidade significativa de LDH.

825 nm							
		24h		48h		72h	
5 J/cm²	Control	0,3070	±0	0,3520	±0	0,4020	±0
	Test	0,3563	±0,02	0,3675	±0,01	0,4363	±0,02
10 J/cm²	Control	0,4210	±0	0,4330	±0	0,4410	±0
	Test	0,4265	±0,01	0,4258	±0,01	0,4398	±0,
20 J/cm²	Control	0,5950	±0	0,6000	±0	0,6310	±0
	Test	0,6293	±0,01	0,6413	±0,01	0,6473	±0,01
40J/cm²	Control	0,6910	±0	0,6720	±0	0,7020	±0
	Test	1,3306	* ±0,07	1,0738	* ±0,06	1,0405	* ±0,01

($p<0.05$(*), $p<0.01$(**) or $p<0.001$(***))

Tabela 8. Citotoxicidade da LDH dos CSC isolados do pulmão CD133 medida a 1060 nm. A fluência de irradiação variou entre 5 e 40 J/cm². Os controlos não receberam irradiação. Ao comparar os testes com os respectivos controlos, apenas 40 J/cm² indicou uma quantidade significativa de citotoxicidade (p< 0,05 *). As alterações observadas nas outras fluências não apresentaram uma quantidade significativa de fuga de LDH.

1060 nm							
		24h		48h		72h	
5 J/cm²	Control	0,3280	±0	0,3710	±0	0,3490	±0
	Test	0,3348	±0	0,3855	±0	0,3963	±0,02
10 J/cm²	Control	0,4090	±0	0,4290	±0	0,4180	±0
	Test	0,4083	±0	0,4385	±0,01	0,4430	±0,01
20 J/cm²	Control	0,4890	±0	0,5630	±0	0,5810	±0
	Test	0,5310	±0,01	0,5840	±0,01	0,5935	±0
40J/cm²	Control	0,6240	±0	0,6670	±0	0,6580	±0
	Test	1,1878	* ±0,04	0,9360	* ±0,01	0,8330	* ±0,04

(p<0.05(*), p<0.01(**) or p<0.001(***))

4.6 Análise quantitativa da apoptose celular

A apoptose é um dos mecanismos de morte celular que as células seguem quando morrem. A anexina-V-FITC, juntamente com o PI, analisa quantitativamente as diferentes fases da morte das células.

Os diferentes grupos de células e os respectivos controlos foram analisados por citometria de fluxo uma hora após a coloração. A Anexina V-PI indica a morte celular como necrótica ou apoptótica. O ensaio utiliza a citometria de fluxo e a coloração fluorescente para distinguir entre as diferentes mortes celulares. A apoptose é indicada pela Anexina no quadrante inferior direito, a apoptose tardia é indicada no quadrante superior direito e a necrose por PI no quadrante superior esquerdo do quadrado. A população de células é selecionada e visualizada no quadrante inferior esquerdo. Todos os resultados obtidos foram apresentados como valor percentual.

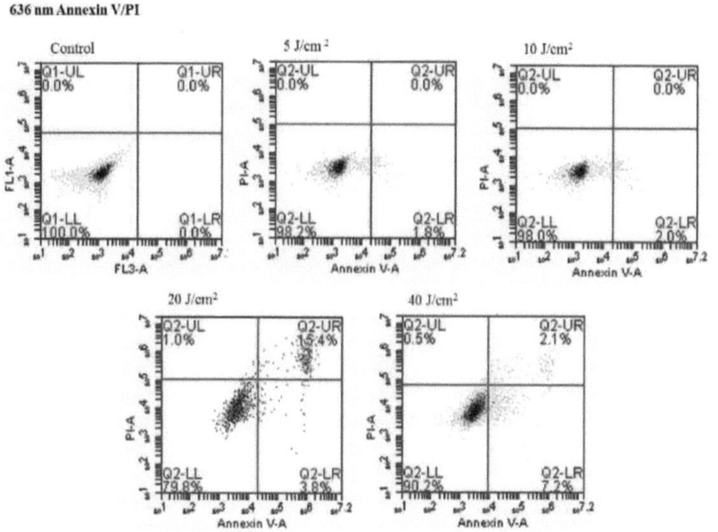

Figura 26. Análise quantitativa da morte celular dos CSC isolados do pulmão CD 133 a 636 nm e a 5, 10, 20 e 40 J/cm² . A morte celular por apoptose foi conseguida com 20 J/cm² (3,8% de apoptose precoce) e 40 J/cm² (7,2% de apoptose precoce).

Após irradiação das células com um comprimento de onda de 636 nm, a morte celular foi observada a 20 J/cm^2 e a 40 J/cm^2 . O valor percentual obtido a 20 J/cm^2 foi de 3,8 % para a apoptose precoce, enquanto a apoptose tardia apresentou um valor de 15,4 %. Estes resultados podem ser atribuídos à paragem normal do ciclo celular, em que as células sofrem morte celular devido à manutenção normal das células. Observou-se uma quantidade significativa de apoptose precoce (7,2 %) após a irradiação das células com 40 J/cm^2 , indicando que o HF-LILI causou a morte celular por apoptose.

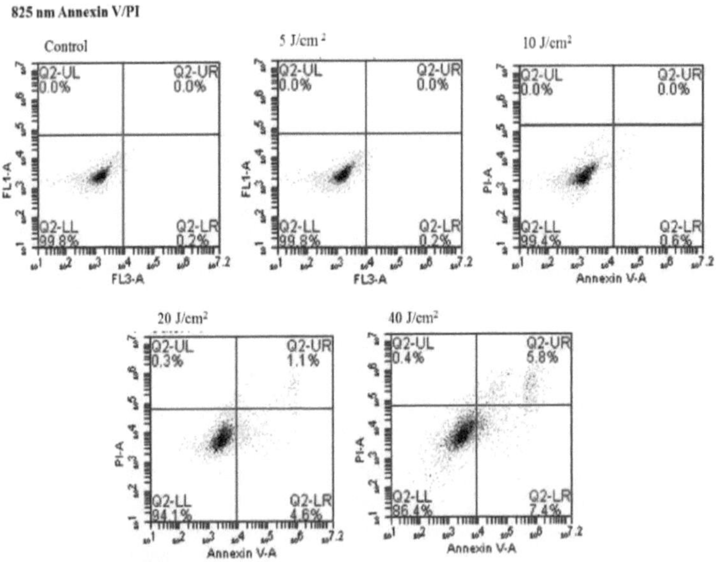

Figura 27. Análise quantitativa da morte celular dos CSC isolados do pulmão CD 133 a 825 nm5, 10, 20 e 40 J/cm^2 . A morte celular por apoptose foi conseguida com 20 J/cm^2 (4,6 % de apoptose precoce) e 40 J/cm^2 (7,4 % de apoptose precoce).

As células que receberam irradiação a 825 nm não apresentaram atividade apoptótica quando receberam níveis de energia de 5 e 10 J/cm^2 . O valor percentual mais elevado (7,4 %) de apoptose precoce foi observado utilizando HF-LILI em comparação com outros comprimentos de onda. Indicando que as células sofrem apoptose celular

morte por apoptose após receber energia de 40 J/cm^2 a 825 nm.

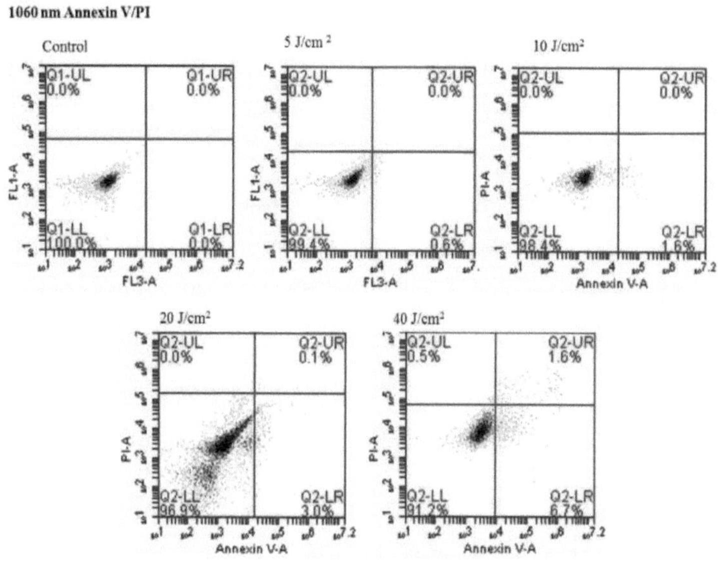

Figura 28. Análise quantitativa da morte celular dos CSC isolados do pulmão CD 133 a 1060 nm e 5, 10, 20 e 40 J/cm^2 . A morte celular por apoptose foi conseguida com 20 J/cm^2 (3 % de apoptose precoce) e 40 J/cm^2 (6,7 % de apoptose precoce).

Após receberem irradiação a um comprimento de onda de 1060 nm e LF-LILI, as células não indicaram qualquer atividade apoptótica significativa. Foi registado um valor percentual de 6,7% para a apoptose precoce após a irradiação com HF-LILI, mas foi menos significativo em comparação com 825 nm.

CAPÍTULO 5

DEBATE E CONCLUSÃO

O conceito de um tumor constituído por uma população de células geneticamente diversas foi proposto pela hipótese das CSC em 1937 (Clevers, 2011). A investigação nos anos 90 concentrou-se na biologia das células estaminais, introduzindo o termo "células estaminais cancerígenas" para uma subpopulação de células que foram encontradas numa linha celular de leucemia. Esta subpopulação da linha celular de leucemia apresentava características como a tumorigenicidade, a auto-renovação e a multipotência, todas elas propriedades observadas nas CSC (Cherryholmes, 2013). A exploração do trabalho das CSC continua a ser essencial, uma vez que tem um impacto direto nas actuais terapias contra o cancro. A existência de CSC não pode ser provada para todos os tipos de cancro, mas foi encontrada nos seguintes cancros: fígado, cérebro, pâncreas, cólon e ovários (Magee et al., 2012), bem como no cancro do pulmão.

Pensa-se que as CSC são resistentes à quimioterapia e à radioterapia, o que se diz ser um resultado direto de terem propriedades ASC. A importância das CSC resistentes à terapia leva à exploração de terapias que possam visar não só o cancro mas também as CSC. As simulações computacionais identificaram que o não-alvo das CSC pode enriquecer o desenvolvimento das CSC, tendo um efeito prejudicial no resultado do tratamento (Vermeulen et al., 2012).

As terapias actuais contra o cancro destinam-se a destruir a maior parte do tumor, que consiste em células cancerosas adultas diferenciadas capazes de uma rápida proliferação. Isto, por sua vez, afecta o resultado do tratamento, uma vez que estas células capazes de desenvolver tumores não são mortas, o que conduz a recidivas e metástases do cancro. Isto deve-se ao facto de as CSC se protegerem a si próprias da mesma forma que as SC normais, escapando evidentemente ao tratamento. Por conseguinte, a conceção de um tratamento contra o cancro deve ter em conta a eficácia da destruição das células cancerosas, bem como das CSC (University of Pittsburgh Schools of the Health Sciences, 2007).

O cancro do pulmão, com os seus diferentes subtipos, é geralmente conhecido como um cancro resistente à terapêutica, apresentando a taxa de morbilidade mais elevada a nível mundial. Pensa-se que a resistência à terapêutica está relacionada com as CSC do pulmão que residem no interior dos tumores. Há indícios de que o cancro do pulmão pode ser propagado e mantido mesmo por apenas uma pequena população de CSC. Esta afirmação é apoiada pelos resultados da investigação apresentados por Virginia et al., 2009, onde foi testada a análise de NSCLC contendo CSCs. Os resultados indicaram que as CSC constituem uma pequena porção da população total de células tumorais. A descoberta de que o antigénio CD 133 foi expresso numa pequena percentagem dos NSCLC apoia a hipótese da existência de CSCs.

Existem vários mecanismos bioquímicos pelos quais as LILI actuam nos tecidos. Durante a fotobiologia dos tecidos, os fotões são absorvidos por bandas de absorção eletrónica pertencentes a um cromóforo ou a um fotoaceitador (Sutherland, 2002). Verificou-se que os tecidos possuem propriedades ópticas designadas por janela ótica. Os diferentes comprimentos de onda são absorvidos ou dispersos pelas células ou pelos tecidos. Os principais cromóforos dos tecidos (hemoglobina e melanina) têm bandas de absorção elevadas em comprimentos de onda inferiores a 600 nm. A água começa a absorver significativamente em comprimentos de onda superiores a 1150 nm. A janela ótica abrange os comprimentos de onda vermelho e NIR, onde a penetração efectiva da luz nos tecidos é óptima. Em 1989, foi sugerido que o mecanismo da LILI a nível celular se baseava na absorção de radiações monocromáticas, visíveis e NIR, pelos componentes da cadeia respiratória celular (Karu, 1989). A membrana mitocondrial interna contém proteínas integrais de membrana que transferem electrões do NADH e do FADH2 para moléculas de oxigénio, formando água. A energia libertada por esta transferência para o bombeamento de protões (H+) da matriz para o espaço intermembranar cria um gradiente de protões. Os protões só podem descer este gradiente, voltando a entrar na matriz, através de outro complexo de proteínas integrais na membrana interna, o complexo ATP sintase (Hamblin, 2008).

Foi proposto que a citocromo c oxidase (Cox) é o fotoaceitador primário para a gama vermelho-NIR em células de mamíferos (Karu, 1995), o que foi apoiado por resultados em que os espectros de absorção obtidos para a citocromo c oxidase em diferentes estados de oxidação foram registados e considerados muito semelhantes aos espectros de ação para respostas biológicas à luz. Absorve a luz entre 630 e 900 nm. Um estudo de Pastore et al., 2000, examinou o efeito da iluminação laser He-Ne (632,8 nm) na enzima citocromo c oxidase purificada, tendo verificado um aumento da oxidação do citocromo c e um aumento da transferência de electrões. Artyukhov (2000) e colegas verificaram um aumento da atividade enzimática da catalase, após iluminação com laser de He-Ne. A absorção de

Os fotões pelas moléculas conduzem a estados eletronicamente excitados e, consequentemente, podem levar a uma aceleração das reações de transferência de eletrões (Yu, 1997), levando ao aumento da produção de ATP. Para além do aumento da produção de ATP mediado pela citocromo c oxidase, outros mecanismos podem estar a funcionar na LILI. Certas moléculas com bandas de absorção visíveis, como as porfirinas e algumas flavoproteínas, podem absorver fotões (Friedmann, 1991; Eichler, 2005). A energia luminosa absorvida provoca a excitação do estado singlete das moléculas de oxigénio, o que leva à excitação do estado triplete, causando uma transferência de energia para o oxigénio molecular no estado fundamental (um triplete) para formar a espécie reactiva, o oxigénio singlete. Em alternativa, o superóxido pode ser formado devido à redução de electrões. Esta é a mesma molécula utilizada na PDT para matar as células cancerígenas. A alteração do metabolismo mitocondrial e a ativação da cadeia respiratória pela iluminação também aumentariam a produção de aniões superóxido, O2. Todas as respostas estavam envolvidas nos estados redox das células. Várias vias de regulação importantes são mediadas pelo estado redox celular. As alterações do estado redox induzem a ativação de numerosas vias de sinalização intracelular, regulam a síntese de ácidos nucleicos, a síntese de proteínas, a ativação de enzimas e a progressão do ciclo celular (Liu, 2005).

Neste estudo, explorámos os possíveis resultados da LILI nas CSC do pulmão. A promonina 1 (CD 133), uma glicoproteína transmembranar pentaspan, que é uma estrutura antigénica normalmente encontrada nas superfícies das células estaminais (Salama, 2012), foi utilizada neste estudo para a identificação positiva e o isolamento das CSC pulmonares CD 133. Os resultados mostraram um isolamento positivo, que pode ser confirmado por Tirino, 2012, que afirma que as CSC podem ser identificadas e isoladas utilizando os seus marcadores antigénicos. O CD 133 foi previamente utilizado para identificar e isolar diferentes SCs e CSCs (Ren, 2013). As linhas celulares utilizadas como controlo para a identificação antigénica de CD 133 foram CaCo2, que é uma linha celular de carcinoma colorrectal positiva para o antigénio CD 133 (Ren, 2013) e SKUT-1 leiomiossarcoma do útero humano, que não expressa o marcador de superfície CD 133 e foi utilizada como linha celular de controlo negativo.

A análise da morfologia das CSC do pulmão após a irradiação revelou que as células que não receberam irradiação mantiveram a sua morfologia celular, mostrando um aumento da densidade celular ao longo do tempo devido à manutenção normal das células. Foram observados resultados semelhantes nas amostras de teste irradiadas que receberam LF-LILI. Verificou-se uma estimulação da viabilidade e da proliferação, observada como um aumento da densidade celular, quando se examinaram amostras de teste que receberam LILI de 5 e 10 J/cm^2 com um comprimento de onda de 636 nm e 825 nm. Os resultados são confirmados por estudos que também sugerem que a LILI pode estimular as células com um comprimento de onda de 636-825 nm e uma fluência baixa de 5 - 10 J/cm^2 (Mvula, 2008; de Villiers, 2011). Foram encontradas discrepâncias morfológicas, indicadas pela retração celular e pelo arredondamento das células, quando se utilizou HF-LILI de 40 J/cm^2 , o que sugere uma bioinibição. Ao longo do tempo, foi observada uma recuperação celular devido à manutenção normal do ciclo celular. Esta caraterística que foi observada é também encontrada nas SCs, onde as células permanecem quiescentes até que a regeneração das células estimule a proliferação através de um sinal específico (Caligur, 2008), permitindo que as CSCs irradiadas proliferem a uma taxa semelhante.

As observações feitas a partir da análise da viabilidade e da proliferação revelaram que diferentes comprimentos de onda em diferentes fluências têm um efeito bioestimulador ou bioinibidor nas CSC isoladas do pulmão. O maior significado foi encontrado quando se utilizou LF-LILI de 10 J/cm^2 e um comprimento de onda de 825 nm. A LF-LILI mostrou uma estimulação das células com um comprimento de onda de 636 - 825 nm e uma fluência de 5 - 10 J/cm^2 , o que está de acordo com investigações anteriores que encontraram resultados semelhantes (Mvula, 2008;

Abrahamse, 2010; de Villiers, 2011). As CSC opõem-se à morte celular através da auto-renovação (Croker, 2008), o que pode ser observado quando se tratam células com níveis de energia aumentados de 20 J/cm^2 , em comparação com linhas de células não cancerosas que morreram durante a exposição a níveis de energia aumentados (Mvula, 2008). Estes resultados sugerem que a irradiação entre 5 e 20 J/cm^2 com comprimentos de onda entre 636 nm e 1060 nm tem pouco efeito prejudicial, mas antes um efeito estimulador nas CSC. Observou-se uma bioinibição significativa na viabilidade e proliferação quando se irradiaram amostras com HF-LILI a 40 J/cm^2 . Estes resultados estão de acordo com investigações anteriores que afirmam que parâmetros como o comprimento de onda, a fluência e a intensidade desempenham um papel importante na fotobiomodulação do metabolismo celular (Moore, 2005; Hu, 2007; Mvula, 2008; Abrahamse, 2010). Os resultados também revelaram que a LILI com um comprimento de onda de 1060 nm e fluência de 5 - 20 J/cm^2 teve pouco efeito nas amostras tratadas, não mostrando estimulação ou inibição do metabolismo celular. Indicando que a fotobioestimulação das CSC só é conseguida quando se utiliza irradiação com comprimentos de onda no espetro de luz vermelha visível entre 636 e 825 nm. A luz infravermelha (1060 nm) tem pouco ou nenhum efeito no metabolismo das CSC utilizando LF-LILI.

A análise da citotoxicidade revelou danos na membrana das CSC isoladas do pulmão, medindo a libertação de LDH no meio. As células tratadas com LF-LILI (5- 20 J/cm^2) utilizando todos os respectivos comprimentos de onda não apresentaram quaisquer danos na membrana, uma vez que não foram libertadas quantidades significativas de LDH. Os danos na membrana foram observados quando as células foram irradiadas com HF-LILI de 40 J/cm^2 mostrando altos níveis de libertação de LDH. Os danos na membrana encontrados são também uma indicação direta da morte celular.
A morte celular foi medida utilizando a Anexina V PI. Observou-se pouca ou nenhuma morte celular quando se irradiaram as células com fluências de 5 - 20 J/cm^2 e comprimentos de onda de 636 - 1060 nm, uma vez que os resultados não mostram apoptose. A apoptose celular foi observada quando se utilizou HF-LILI de 40 J/cm^2 e comprimentos de onda de 636, 825 e 1060 nm. Os resultados que revelam a morte de células necróticas em todos os parâmetros de irradiação devem-se ao facto de as células entrarem em apoptose tardia e acabarem por morrer. Estes resultados são também confirmados pelos relatórios que sugerem que a luz é absorvida por cromóforos (porfirinas ou citocromos) localizados nos organelos intercelulares, como a membrana plasmática, as mitocôndrias ou os lisomas. A estimulação através de LF-LILI não teve qualquer efeito

bio-inibitório, não tendo sido observados danos celulares que possam conduzir à morte celular. A HF-LILI teve um efeito bio-inibitório, revelando danos na membrana e morte celular activada devido à produção de ROS (Lavi, 2003). Os resultados indicam que o HF-LILI pode induzir a morte celular através da apoptose, embora o mecanismo exato não seja bem compreendido.

Os resultados revelaram que a LF-LILI e a HF-LILI de CSCs isoladas do pulmão podem induzir bioestimulação e bioinibição, respetivamente. Tal foi indicado pelos resultados de viabilidade que indicam um aumento da produção de ATP após exposição a irradiação a 5 - 10 J/cm^2 com comprimentos de onda de 636 nm e 825 nm. Foi observada uma diminuição da produção de ATP após a exposição a HF-LILI (40 J/cm^2). A proliferação foi afetada de forma semelhante à viabilidade do ATP, uma vez que o ATP é uma indicação direta da atividade metabólica. Estes resultados sugerem que a estimulação luminosa através de LF-LILI e HF-LILI pode causar um aumento ou uma diminuição da produção de ATP a partir da mitocôndria.

Evidências semelhantes foram observadas na investigação efectuada em células neuronais por Roberta, et al. 2007, que descreve uma diminuição do potencial da membrana mitocondrial (MMP) que conduz à diminuição da disponibilidade de ATP. A diminuição da produção de ATP revelada pelos resultados de viabilidade e proliferação indica que o ciclo celular da mitose foi interrompido juntamente com as fontes de energia insuficientes produzidas pela mitocôndria após a absorção da luz. Este facto é confirmado por Ocan~a- Quero, et al.1998, onde a inibição da replicação foi demonstrada após doses elevadas de LILI, juntamente com danos no ADN que têm um efeito negativo na proliferação celular.

Os resultados deste estudo são também confirmados pelos relatórios que sugerem que a luz é absorvida por cromóforos (porfirinas ou citocromos) localizados nos organelos intercelulares, como a membrana plasmática, as mitocôndrias ou os lisomas, tendo efeitos diferentes consoante o comprimento de onda e a fluência utilizados (Lavi, 2003).

Foi levantada a hipótese de que as CSC são um fator que contribui para a iniciação do tumor, a metástase e a recidiva do cancro (Rahman, 2011), o que suscita preocupação não só quando se consideram os actuais tratamentos contra o cancro, mas também para a LILI quando utilizada como modelo terapêutico. Os tratamentos contemporâneos do cancro têm prognósticos limitados, com capacidades diminuídas e produzem efeitos secundários adversos. É necessário investigar terapias alternativas (Manoto, 2012) e concentrar-se não só na erradicação da massa tumoral, mas também na inclusão das CSC no desenvolvimento de um tratamento contra o cancro. Tendo em conta as características das CSC, a LILI deve ser utilizada com precaução. As utilizações da LILI para os efeitos desejados de aumento da proliferação e viabilidade celular durante a cicatrização de feridas ou a regeneração de células estaminais (de Villiers, 2011) podem ser prejudiciais quando se considera o tratamento em que estão envolvidas as CSC.

As células CD 133 positivas apresentaram uma maior capacidade de auto-renovação, iniciação tumoral e resistência aos medicamentos (Chen, 2008). Outros estudos mostraram também a repressão da diferenciação celular e a aceleração da proliferação celular, a formação de colónias independentes de ancoragem e a formação de tumores *in vivo*, utilizando amostras de tumores de neuroblastoma (NB) positivas para CD 133 (Takenobu, 2011). Estas capacidades específicas, também encontradas nas CSC de pulmão positivas para CD 133, levam a que o cancro do pulmão tenha uma elevada taxa de mortalidade e probabilidade de recidiva.

No domínio do cancro, tornou-se evidente que a terapia orientada se tornou um resultado promissor e que o desencadeamento da apoptose desempenhará um papel crucial. A atenção está a ser desviada para a obtenção da especificidade das células tumorais e para a exploração do mecanismo pelo qual a apoptose é facilitada (Ferreira, 2002). A obtenção de informações sobre o mecanismo subjacente à indução apoptótica de HF-LILI é necessária para a aplicação clínica de terapias laser de baixa potência. A PDT pode fornecer estímulos apoptóticos no cancro (Ferreira, 2002). Foi demonstrado que a PDT induz danos nas membranas e apoptose no cancro do pulmão, levando à morte celular (Manoto, 2012), o que pode levar à redução e erradicação do tumor.

Tendo em conta os resultados deste estudo, o trabalho futuro deverá incluir a identificação da eficácia da PDT nos CSC do pulmão, bem como os mecanismos de morte celular que são activados e se estes diferem nas células cancerígenas do pulmão, podendo assim permitir a recuperação do cancro quando esta forma de quimioterapia é utilizada.

REFERÊNCIAS

Abrahamse H, Houreld NN, Muller S e Ndlovu L. (2010) A fluência e o comprimento de onda da irradiação laser de baixa intensidade afectam a atividade e a proliferação de células estaminais derivadas do tecido adiposo humano. *Medical Technology SA* **24(2)**: 8-14.

Addla SK, Brown MD, Hart CA, Ramani VA e Clarke NW. (2008) Characterization of the Hoechst 33342 side population from normal and malignant human renal epithelial cells. *American Journal of Physiology. Renal Physiology* **295(3)**: 680-687.

Al-Ghamdi KM, Kumar A e Moussa NA. (2012) Terapia laser de baixa intensidade: uma técnica útil para aumentar a proliferação de várias células em cultura. *Lasers in Medical Science* **27(1)**:237-49.

Al-Watban FA e Andres BL. (2012) Biomodulação laser de células normais e neoplásicas. *Lasers em Ciências Médicas* 27**(5)**: 1039-43.

Al-Watban FAH e Bernard LA (2011) Biomodulação laser de células normais e neoplásicas. *Lasers em Ciências Médicas* **27**: 10391043.

Sociedade Americana do Cancro. (2015) What is non-small cell lung cancer? Disponível: http://www.cancer.org/cancer/lungcancer-non-smallcell/detailedguide/non-small-cell-lung-cancer-what-is-non-small-cell-lung-cancer.

Arai F, Hirao A, Ohmura M, Sato H, Matsuoka S e Takubo K. (2004) Tie2/Angiopoietin-1 signaling regulates hematopoietic stem cell quiescence in the bone marrow niche. *Cell* **118(2)**: 149-161.

Artyukhov VG, Basharina OV, Pantak AA e Sveklo LS. (2000) Effect of helium-neon laser on activity and optical properties of catalase.

Boletim de Biologia Experimental e Medicina **129(6)**: 537-40.

Bapat SA. (2007) Seminars in cancer biology review evolution of cancer stem cells. *Centro Nacional de Ciência Celular* **17**: 204-21.

Bar EE, Lin A, Mahairaki V, Matsui W e Eberhart CG. (2010) A hipóxia aumenta a expressão de marcadores de células estaminais e promove a clonogenicidade em neuroesferas de glioblastoma. *American Journal of Pathology* **177(3)**: 1491-1502.

Becton, Dickinson and Company. (2000) Introduction to flow cytometry: a learning guide. Disponível: http://medicine.yale.edu/labmed/cellsorter/start/Introduction_66019_284_10028.pdf.

Bertolotti R e Weiss MC. (1972) Expressão de funções diferenciadas em híbridos de células de hepatoma. II. Aldolase. *Journal of Cellular Physiology* **79(2)**: 211-223.

Bethesda, MD. (2015) National Institutes of Health, Departamento de Saúde e Serviços Humanos dos EUA. Disponível: http://stemcells.nih.gov/info/basics/pages/basics1.aspx

Bhatia M, Wang JCY, Kapp U, Bonnet D e Dick JE. (1997) Purificação de células hematopoiéticas humanas primitivas capazes de repovoar ratinhos imunodeficientes. *Proceedings of National Academy of Science of the United States of America* **94**: 53205325.

Bjerkvig R, Tysnes BB, Aboody KS, Najbauer J e Terzis AJ. (2005) Opinion: the origin of the cancer stem cell: current controversies and new insights. *Nature Reviews Cancer.* **5(11)**: 899-904.

Bourseau-Guilmain E, Griveau A, Benoit JP e Garcion E. (2011) A importância do marcador de células estaminais prominin-1/CD133 na captação de transferrina e no metabolismo do ferro em células Caco-2 de cancro do cólon humano. *PLoS One* **6(9)**: e25515.

Bowie MB, McKnight KD, Kent DG, McCaffrey L, Hoodless PA e Eaves CJ. (2006) As células estaminais hematopoiéticas proliferam até depois do nascimento e apresentam um defeito de enxerto reversível específico da fase. *The Journal of Clinical Investigation* **116(10)**: 2808-2816.

Bradford GB, Williams B, Rossi R e Bertoncello I. (1997) Quiescence, cycling, and turnover in the primitive hematopoietic stem cell compartment. *Experimental Haematology* **25(5)**: 445-453.

Bruno S, Bussolati B e Grange C. (2006) As células progenitoras renais CD133+ contribuem para a angiogénese tumoral. *American Journal of Pathology* **169(6)**: 2223-2235.

Bryant DM e Stow JL. (2005) Nuclear translocation of cell surface receptors: lessons from fibroblast growth fator. *Traffic* **6(10)** 947954.

Caligur V. (2008) The Cancer stem cell hypothesis. Disponível em: http://www.sigmaaldrich.com/technical-documents/articles/biofiles/the-cancer-stem-cell.html.

Campbell KH, McWhir J, Ritchie WA e Wilmut I (1996) Ovelha clonada por transferência nuclear a partir de uma linha celular em cultura. *Nature* **380(6569)**: 64-6.

Investigação sobre o cancro no Reino Unido. (2014) About cancer. Disponível: http://www.cancerresearchuk.org/about-cancer/.

Cavaleri F e Scholer HR. (2003) Nanog: a new recruit to the embryonic stem cell orchestra. *Cell* **113(5)**: 551-552.

Chaudhary PM e Roninson IB. (1991) Expression and activity of P-glicoprotein, a multidrug efflux pump, in human hematopoietic stem cells. *Cell* **66(1)**: 85-94.

Chen CH, Hung HS e Hsu SH. (2008) A irradiação laser de baixa energia aumenta a proliferação das células endoteliais, a migração e a expressão do gene eNOS, possivelmente através da via de sinalização PI3k. *Laser em cirurgia médica* **40**: 46-59

Chen JS, Pardo FS, Wang-Rodriguez J, Chu TS, Lopez JP, Aguilera J, Altuna X, Weisman RA e Ongkeko WM. (2006) O EGFR regula a população lateral no carcinoma de células escamosas da cabeça e do pescoço. *Laryngoscope* **116(3)**: 401-406.

Chen YC, Hsu HS, Chen YW, Tsai TH, How CK e Wang CY (2008). A expressão de Oct-4 manteve as propriedades do tipo estaminais do cancro em células CD133-positivas derivadas do cancro do pulmão. *PLoS One* **3**: e2637.

Cheng T (2008) Toward 'SMART' stem cells. *Gene Therapy* **15**: 6773.

Cheng T e Scadden DT. (2002) Cell cycle entry of hematopoietic stem and progenitor cells controlled by distinct cyclin-dependent kinase inhibitors. *International Journal of Haematology* **75**: 460465.

Cheng T, Rodrigues N, Shen H, Yang Y, Dombkowski D e Sykes M (2000) Quiescência das células estaminais hematopoiéticas mantida por p21 (cip1/waf1). *Ciência* **287(5459)**: 1804-1808.

Chepko G, Slack R, Carbott D, Khan S, Steadman L e Dickson RB. (2005) Differential alteration of stem and other cell populations in ducts and lobules of tgfalpha and c-myc transgenic mouse mammary epithelium. *Tissue and Cell* **37**: 393-412.

Cherryholmes G. (2013) Cancer stem cell hypothesis: Proceed with caution Disponível: http://technical.sanguinebio.com/cancer-stem-cell-hypothesis-proceed-with-caution/.

Chow RT, David MA, e Armati PJ. (2007) A irradiação com laser de 830 nm induz a formação de varicosidades, reduz o potencial da membrana mitocondrial e bloqueia o fluxo axonal rápido em neurónios do gânglio da raiz dorsal de ratos de diâmetro pequeno e médio: implicações para os efeitos analgésicos do laser de 830 nm. *Journal of the Peripheral Nervous System* **12(1)**: 28-39.

Chung, H., Dai T, Sharma SK, Huang YY, Carroll JD, Hamblin, M.R. (2012) The nuts and bolts of low-level laser (light) therapy. *Anais de Engenharia Biomédica* **40(2)**: 516-33.

Clarke MF, Dick JE e Dirks PB (2006) Cancer stem cells - perspectives on current status and future directions: Workshop da AACR sobre células estaminais cancerígenas. *Cancer Research* **66**: 9339-9344.

Clarke RB. (2005) Isolamento e caraterização de células estaminais mamárias humanas. *Proliferação celular* **38**: 375-386.

Clevers H. (2011) The cancer stem cell: premises, promises, and challenges. *Nature Medicine:* **17(3)**: 313-9.

Cole SP, Bhardwaj G, Gerlach JH, Mackie JE, Grant CE, Almquist KC, Stewart AJ, Kurz EU, Duncan AM e Deeley RG. (1992) Overexpression of a transporter gene in a multidrug-resistant human linhagem de células de cancro do pulmão. *Science* **258(5088)**: 1650-4.

Collins AT1, Berry PA, Hyde C, Stower MJ e Maitland NJ. (2005) Prospective identification of tumorigenic prostate cancer stem cells (Identificação prospetiva de células estaminais tumorigénicas do cancro da próstata). *Cancer Research* **65(23)**:10946-51.

Croker AK e Allan AL. (2008) Cancer stem cells: implications for the progression and treatmentof metastatic disease. *Journal of Cellular* and *Molecular Medicine* **12(2)**: 374-390.

Crosta P. (2015) Lung Cancer: facts, types and causes, medical news today. Disponível: http://www.medicalnewstoday.com/info/lung-cancer/.

Crous AM e Abrahamse H. (2013) Células estaminais do cancro do pulmão e irradiação laser de baixa intensidade: uma potencial terapia futura? *Investigação e terapia com células estaminais* **4(5)**: 129.

Crous AM e Abrahamse H. (2016) A irradiação laser de baixa intensidade (LILI) a 636 nm induz o aumento da viabilidade e proliferação em células estaminais isoladas de cancro do pulmão. *Fotomedicina e Cirurgia a Laser*. doi: 10.1089/pho.2015.3979.

De Souza SC, Munin E, Procopio Alves L, Salgado MAC e Pacheco MTT. (2005) A radiação laser de baixa potência a 685 nm estimula a taxa de proliferação de células estaminais em *Dugesia tigrina* durante a regeneração. *Journal of Photochemistry and Photobiology* **80(3)**: 203-207.

De Villiers JA, Houreld NN e Abrahamse H. (2011) Influência da irradiação laser de baixa intensidade em células estaminais isoladas derivadas do tecido adiposo humano durante 72 horas e o seu potencial de diferenciação em células musculares lisas utilizando ácido retinóico. *Stem Cell Reviews.* **7(4)**: 869-82.

De Wert G e Mummery C (2003) Human embryonic stem cells: research, ethics and policy. *Human Reproduction* **18(4)**: 672-82.

Domen J, Cheshier SH e Weissman IL. (2000) The role of apoptosis in the regulation of hematopoietic stem cells: overexpression of Bcl-2 increases both their number and repopulation potential. *Journal of Experimental Medicine* **191(2)**: 253-264.

Dorrel D e Grompe M. (2005) Liver repair by intra- and extrahepatic progenitors. *Stem Cell Reviews* **1(1)**: 61-4.

Dumble M, Moore L, Chambers SM, Geiger H, Van Zant G e Goodell MA (2007). O impacto da alteração da dosagem de p53 na dinâmica das células estaminais hematopoiéticas durante o envelhecimento. *Blood* **109(4)**: 1736-1742.

Eichler M, Lavi R, Shainberg A e Lubart R. (2005) Flavins are source of visible-light-induced free radical formation in cells. *Lasers Surgery and Medicine* **37**: 314-9.

Ephrussi B. (1972) Hybridization of somatic cells. Princeton, NJ: Princeton University Press, pp.77.

Eramo A, Lotti F, Sette G, Pilozzi E e Biffoni M. (2008) Identification and expansion of the tumorigenic lung cancer stem cell population. *Cell Death and Differentiation* **15(3)**: 504-514.

Evans MJ E Kaufman M (1981) Estabelecimento em cultura de células pluripotentes a partir de embriões de ratinho. *Nature* **292(5819)**: 154.

Fayed L. (2009) A história do cancro. Disponível: www.cancer.about.com.

Feinberg AP, Ohlsson R e Henikoff S. (2006) The epigenetic progenitor origin of human cancer. *Nature Reviews Genetics* **7(1)**:21-33.

Ferreira CG, Epping M, Kruyt FA e Giaccone G (2002) Apoptose: alvo da terapia do cancro. *Clinical Cancer Research* **8(7)**: 20242034.

Friedmann H, Lubart R, Laulicht I e Rochkind S. (1991) A possible explanation of laser-induced stimulation and damage of cell cultures. *Journal of Photochemistry and Photobiology B* **11(2)**: 8791.

Frimberger AE, McAuliffe CI, Werme KA, Tuft RA, Fogarty KE e Benoit BO. (2001) The fleet feet of haematopoietic stem cells: rapid motility, interaction and proteopodia. *British Journal of Haematology* **112(3)**: 644-654.

Frimberger AE, Stering AI e Quesenberry PJ. (2001) An *in vitro* model of hematopoietic stem cell homing demonstrates rapid homing and maintenance of engraftable stem cells. *Blood* **98(4)**: 1012-1018.

Gao X e Xing D. (2009) Mecanismos moleculares de proliferação celular induzidos por irradiação laser de baixa potência. *Journal of Biomedical Sciences* **16(1)**: 4. DOI: 10.1186/1423-0127-16-4

Garcion E, Naveilhan P, Berger F e Wion D. (2009) Cancer stem cells: Para além dos postulados de Koch. *Cancer Letters* **278(1)**: 3-8.

Gariboldi MB, Ravizza R, Riganti L, Meschini S, Calcabrini A, Marra M, Arancia G, Dolfini E e Monti E. (2003) Molecular determinants of intrinsic resistance to doxorubicin in human cancer cell lines. *International Journal of Oncology* **22(5)**: 1057-64.

Geiger H e Van Zant G. (2002) The aging of lympho-hematopoietic stem cells (O envelhecimento das células estaminais linfo-hematopoiéticas). *Nature Immunology* **3**: 329-333.

Georgantas RW III, Hildreth R, Morisot S, Alder J, Liu CG, Heimfeld S, Calin GA, Croce CM e Civin CI. (2007) CD34+ hematopoietic stem-progenitor cell microRNA expression and function: a circuit diagram of differentiation control. *Actas da Academia Nacional de Ciências dos Estados Unidos da América* **104(8)**: 27502755.

Giangreco A, Reynolds SD e Stripp BR. (2002) Os bronquíolos terminais albergam uma população única de células estaminais das vias aéreas que se localiza na junção dos ductos broncoalveolares. *American Journal of Pathology* **161**: 173-182.

Goldthwaite CA. (2006) As células estaminais estão envolvidas no cancro? Disponível: http://stemcells.nih. gov/info/2006report/2006chapter9.htm.

Goodell MA, Brose K, Paradis G, Conner AS e Mulligan RC. (1996) Isolamento e propriedades funcionais de células estaminais hematopoiéticas murinas que se replicam *in vivo*. *Journal of Experimental Medicine* **183(4)**: 1797-1806.

Gothot A, Pyatt R, McMahel J, Rice S e Srour EF. (1997) Functional heterogeneity of human CD34(+) cells isolated in subcompartments of the G0/G1 phase of the cell cycle. *Blood* **90(11)**: 4384-4393.

Grinnell KL, Yang B e Eckert RL, Bickenbach JR (2007). Desdiferenciação de queratinócitos interfoliculares de rato pelo fator de transcrição embrionário. *Journal of Investigative Dermatology* **127**:372-380.

Gupta PK. (2000) Biomedical applications of lasers. Disponível em: http://barc.ernet.in/publications/nl/2000/200010-02.pdf. Accessed: 10/10/2015.

Hamblin MR. (2008) Mechanisms of low level light therapy. Disponível: http://www.photobiology.info/Hamblin.html.

Hanahan D e Weinberg RA. (2000) The Hallmarks of Cancer. *Cell* **100(1)**: 57-70.

Hashimoto O, Shimizu K e Semba S. (2011) A hipoxia induz a agressividade tumoral e a expansão de células CD133-positivas de uma forma dependente do fator-1α induzido pela hipoxia em células de cancro pancreático. *Pathobiology* **78(4)**: 181-192.

Hatfield S e Ruohola-Baker H. (2008) MicroRNA and stem cell function. *Cell and Tissue* Research **331(1)**: 57-66.

Hernandez C. (2010) Uma nova forma de matar as células cancerígenas. Disponível: www.smartplanet.com.

Hock H, Hamblen MJ, Rooke HM, Schindler JW, Saleque S e Fujiwara Y. (2004) Gfi-1 restringe a proliferação e preserva a integridade funcional das células estaminais hematopoiéticas. *Nature* ***431*** **(7011)**: 1002-1007.

Hong KU, Reynolds SD, Watkins S, Fuchs E e Stripp BR. (2004) As células basais são um progenitor multipotente capaz de renovar o epitélio brônquico. *American Journal of Pathology* **164(2)**: 577588.

Houghton J, Morozov A, Smirnova I e Wang TC. (2007) Stem cells and cancer. *Seminários em Biologia do Cancro.* **17**:191-203.

Hu WP, Wang JJ, Yu CL, Lan CC, Chen GS e Yu HS. (2007) A irradiação com laser de hélio-neon estimula a proliferação celular através de efeitos fotoestimuladores nas mitocôndrias. *The Journal of Investigative Dermatology* **127(8)**: 2048-2057.

Huang M, Zhu H, Feng J, Ni S, Huang J. (2015) A expressão elevada de CD133 no núcleo e no citoplasma prediz um mau prognóstico no cancro do pulmão de células não pequenas. *Disease Markers: Artigo ID: 986095*. doi: 10.1155/2015/986095.

Huang YY, Chen A e Hamblin M. (2009) Low-level laser therapy: Um paradigma clínico emergente. SPIE Newsroom. doi: 10.1117/2.1200906.1669.

Jahagirdar BN, Verfaille CM. (2005) Multipotent adult progenitor cell and stem cell plasticity. *Stem Cell Reviews* **1(1)**: 53-9.

Jones PA, Baylin SB. (2007) The epigenomics of cancer. *Cell* **128**: 683-692.

Jones RJ. (2009) Cancer stem cells-clinical relevance. *Jornal de Medicina Molecular* **87(11)**: 1105-1110.

Junying Y e Thomson AJ. (2010) Embryonic stem cells. Disponível: http://stemcells.nih.gov/info/Regenerative_Medicine/Pages/2006Chapter1.aspx.

Kang Y, Omura M, Suzuki A, Oka T, Nakagami Y, Cheng C, Nagashima Y e Inoue T. (2006) Desenvolvimento de um modelo de transplante ortotópico em ratinhos nus que simula as características clínicas do cancro do pulmão humano. *Cancer*

Science **97(10)**: 996-1001.

Karamboulas C e Ailles L (2013) Vias de sinalização do desenvolvimento em células estaminais cancerígenas de tumores sólidos. *Biochimica et Biophysica Ata (BBA)-Sujeitos Gerais* **1830(2)** 2481-2495.

Karu TI e Afanaseva NI. (1995) A citocromo c oxidase como fotoacceptor primário aquando da exposição de células em cultura à luz visível e à luz próxima do infravermelho. *Doklady Akademii Nauk* ***342(2)***: 693-5.

Karu TI. (1989) Laser biostimulation: a photobiological phenomenon. *Journal of Photochemistry and Photobiology B* ***3(4)***: 638-40.

Karu TI. (1989) Photobiology of low-power laser effects. *Health Physics* ***56(5)***: 691-704.

Kim CF, Jackson EL, Woolfenden AE, Lawrence S, Babar I, Vogel S, Crowley D, Bronson RT e Jacks T. (2005) Identification of bronchioalveolar stem cells in normal lung and lung cancer. *Cell* ***121(6)***: 823-835.

Kimball J. (2011) Stem cells. Disponível: http://users.rcn.com/jkimball.ma.ultranet/BiologyPages/S/Stem_Cells.html.

Kleinsmith LJ e Cochran NA (1964) Multipotencialidade de células individuais de embriocarcinoma. *Cancer Research* ***24***: 1544.

Kneebone WJ. (2006) Practical applications of low level laser therapy. Disponível: http://www.multiradiance.com/images/docs/Principal%20Application%20of%20Laser%20Therapy_PPM_nov06_kneebone-4_c.pdf. Acedido: 12/06/2015.

Kochar PG. (2004) What are stem cells? Disponível:

http://www.csa.com/discoveryguides/stemcell/editor.php.

Kubo T, Takigawa N, Osawa M, Harada D, Ninomiya T, Ochi N, Ichihara E, Yamane H, Tanimoto M e Kiura K (2013) Subpopulação de células de cancro do pulmão de pequenas células que expressam CD133 e CD87 apresentam resistência à quimioterapia. *Cancer Science* **104**: 78-84.

Lacina L, Plzak J, Kodet O, Szabo P, Chovanec M, Dvorankova B e Smetana K Jr. (2015) Cancer microenvironment: what can we learn from the stem cell niche. *Revista Internacional de Ciências Moleculares* **16(10)**: 24094-110.

Lacorazza HD, Yamada T, Liu Y, Miyata Y, Sivina M, Nunes J. (2006) O fator de transcrição MEF/ELF4 regula a quiescência das células hematopoiéticas primitivas. *Cancer Cell* **9**: 175-187.

Lapidot T, Dar A e, Kollet O. (2005) How do stem cells find their way home? *Blood* **106**: 1901-1910.

Lapidot T, Sirard C, Vormoor J, Murdoch B e Hoang T. (1994) Uma célula que inicia a leucemia mieloide aguda humana após transplante para ratinhos SCID. *Nature* **367**: 645-648.

Laslett AL, Filipczyk AA e Pera MF (2003) Characterization and culture of human embryonic stem cells. *Trends Cardiovascular Medicine* ***13(7)****:* 295-301.

Lavi R, Shainberg A, Friedmann H, Shneyvays V, Rickover O, Eichler M, Kaplan D e Lubart R. (2003) Low energy visible light induces reactive oxygen species generation and stimulates an increase of intracellular calcium concentration in cardiac cells. *Journal of Biological Chemistry* ***278(42)***: 40917-40922.

Lee BC, Cheng T, Adams GB, Attar EC, Miura N e Lee SB. (2003) O recetor do tipo P2Y, GPR105 (P2Y14), identifica e medeia a quimiotaxia das células estaminais hematopoiéticas da medula óssea. *Genes and Development* **17(13)**: 1592-1604.

Levon VG, Grigory B, Anu MM. (2005) Influência da radiação laser de baixa intensidade na migração de células estaminais. Conferência internacional de Xangai sobre medicina e cirurgia a laser. Editado por Zhu, Jing. Actas da SPIE, Volume 5968, pp. 58-63.

Li L e Neaves WB. (2006) Normal stem cells and cancer stem cells: the niche matters. *Cancer Research* **66(9)**: 4553-7.

Liu H, Colavitti R, Rovira II e Finkel T. (2005) Redox-dependent transcriptional regulation. *Circulation Research* **97(10)**: 967-74.

Liu J e Jiang G. (2006) CD44 and hematologic malignancies. *Cellular and Molecular Immunology* **3(5)**: 359-365.

Lucarelli G, Galleggiante V, Rutigliano M, Vavallo A, Ditonno P e Battaglia M. (2015) Isolamento e caraterização de células estaminais cancerígenas no carcinoma de células renais. *Urologia* **82(1)**: 46-53.

Luzzi KJ, MacDonald IC e Schmidt EE. (1998) Multistep nature of metastatic inefficiency: dormancy of solitary cells after successful extravasation and limited survival of early micrometastases. *American Journal of Pathology* **153(3)**: 865-873.

Magee JA, Piskounova E e Morrison SJ. (2012) Cancer Stem Cells: Impact, Heterogeneity, and Uncertainty (Impacto, Heterogeneidade e Incerteza). *Cancer Cell* **21(3)**: 283-96.

Manoto SL, Sekhejane PR, Houreld NN e Abrahamse H. (2012) Localização e efeito fototóxico do fotossensibilizador Sulfoftalocianina de Zinco em células de carcinoma do cólon humano (DLD-1) e do pulmão (A549) (*In Vitro*). *Photodiagnosis and Photodynamic Therapy* **9(1)**: 52-9.

Mantamadiotis T e Taraviras S. (2011) Self-renewal Mechanisms in neural cancer stem cells (Mecanismos de auto-renovação em células estaminais do cancro neural). *Frontiers in Bioscience* **1(16)**: 598-607.

Mao Z, Liu J, Mao Z, Huang J, Xie S e Liu T. (2014) O bloqueio da via NOTCH pode inibir o crescimento de células A549 positivas para CD133 e sensibilizar para a quimioterapia. *Biochemical and Biophysical Research Communications* **444(4)** 670-675.

Martinez JD, Parker MT, Fultz KE, Ignatenko NA e Gerner EW. (2003) Molecular biology of cancer. *Burger's Medicinal Chemistry and Drug Discovery* ISBN0-471-37031-2.

Matsumoto K, Arao T e Tanaka K. (2009) O sinal mTOR e o fator induzível por hipoxia-1 alfa regulam a expressão de CD133 em células cancerígenas. *Cancer Research* **69(18)**: 7160-7164.

Melles G. (2009) Princípios básicos do laser: Introdução à tecnologia laser.

Disponív

el:

www.astro.caltech.edu/~lah/ay105/pdf/Laser-Guide.pdf.

Meschini S, Marra M, Calcabrini A, Monti E, Gariboldi M, Dolfini E e Arancia G. (2002) Role of the lung resistance-related protein (LRP) in the drug sensitivity of cultured tumor cells. *Toxicology In Vitro* **16(4)**: 389-98.

Mester, E., Szende, B., e Gartner, P. (1968) The effect of laser beams on the growth of hair in mice *Radiobiologia, Radiotherapia Journal (Berl)* **9**: 621-6

Metcalf D. (1998) Lineage commitment and maturation in hematopoietic cells: the case for extrinsic regulation. *Sangue* **92**: 345347.

Metcalf D. (2007) On hematopoietic stem cell fate (Sobre o destino das células estaminais hematopoiéticas). *Immunity* **26(6)**: 669-673.

Mezey E. (2005) Bone marrow and brain: unexpected allies or accidental acquaintances? *Stem Cell Reviews* **1(1)**: 15-9.

Moore P, Ridgway TD, Higbee RG, Howard EW e Lucroy MD. (2005) Effect of wavelength on low-intensity laser irradiation stimulated cell proliferation *in vitro*. *Lasers in Surgery and Medicine* **36(1)**: 8-12.

Morrison SJ e Kimble J. (2006) Asymmetric and symmetric stemcell divisions in development and cancer. *Nature* **441(7097)**: 10681074.

Murnaghan I. (2015) Células estaminais totipotentes. Disponível: http://www.explorestemcells.co.uk/totipotentstemcells.html.

Mvula B, Mathope T, Moore T e Abrahamse H. (2008). O efeito da irradiação laser de baixa intensidade nas células estaminais adultas derivadas do tecido adiposo humano. *Lasers Medical Sciences* **23(3)**:277-282.

Mvula B, Moore TJ e Abrahamse H. (2010) Effect of low-level laser irradiation and epidermal growth fator on adult human adipose-derived stem cells. *Lasers Med Sci.* **25(1)**: 33-9.

Natarajan TG e FitzGerald KT. (2007) Markers in normal and cancer stem cells. *Cancer Biomarkers* **3(4,5)**: 211-231.

Institutos Nacionais de Saúde. (2015) Noções básicas sobre células estaminais. Disponível: http://stemcells.nih.gov/info/basics/basics.

Naujokat C e Laufer S (2013) Visar as células estaminais cancerígenas com compostos e medicamentos definidos. *Actualizações do Jornal de Investigação do Cancro* **2(1)**: 36-67.

Ocana-Quero JM, Perez de la Lastra J, Gomez-Villamandos R e Moreno-Millan M. (1998) Biological effect of Helium-Neon (He-Ne) laser irradiation on mouse myeloma (Sp2-Ag14) cell line *in vitro*.

Lasers Medical Sciences **13(3)**: 214-218.

Palanker, D. (2013) Propriedades básicas do laser. Disponível: http://www.aao.org/munnerlyn-laser-surgery-center/basic-laser-properties.

Pascu ML. (2001) Elementos de física laser a considerar na terapia laser de baixa intensidade. *Laser Therapy.* **13:** 114-125.

Pastore D, Greco M e Passarella S. (2000) Sensibilidade específica do laser de hélio-néon da citocromo c oxidase purificada. *International Journal of Radiation Biology* **76(6)**: 863-70.

Centro de educação do doente. (2016) Lung cancer overview (Visão geral do cancro do pulmão). Disponível em: http://www.patienteducationcenter.org/articles/lung-cancer-overview/.

Pei XH, Bai F, Smith MD e Xiong Y. (2007) p18Ink4c colabora com Men1 para limitar a expansão das células estaminais do pulmão e suprimir os cancros do pulmão de células não pequenas. *Cancer Research* **67(7)**: 3162-3170.

Pesce M e Scholer HR. (2001) Oct-4: gatekeeper in the beginnings of mammalian development. *Stem Cells* **19**: 271-278.

Philippi C, Loretz B, Schaefer UF e Lehr CM. (2010) Telomerase as an emerging target to fight cancer- Opportunities and challenges for nanomedicine. *Journal of Controlled Releases* **146(2)**: 228-240.

Pienta KJ. (2009) The biology and treatment of cancer (A biologia e o tratamento do cancro). Pardee A.B. e Stein G.S. (ed) Cancer as a disease: types of tumours, their frequencies, and their progression. John Wiley and Sons Inc., Nova Jersey. pp. 23-34.

Pine SR, Marshall B e Varticovskia L (2008) Lung cancer stem cells. *Disease Markers* **24(4-5)**: 257-266.

Planque N. (2006) Nuclear trafficking of secreted factors and cell surface receptors: new pathways to regulate cell proliferation and differentiation, and involvement in cancers. *Cell Communication and Signaling* ***4**:7*. DOI: 10.1186/1478-811X-4-7

Potten MLaC (ed). Stem cells and cellular pedigrees. A concetual introduction. Londres, Academic Press: 1997, pp.1.

Quest Diagnostics: CD117 (c-kit) IHC com interpretação. Disponível: http://www.questdiagnostics.com/testcenter/testguide.action?dc=TH_CD117_IHC.

Rahman M, Deleyrolle L, Vedam-Mai V, Azari H, Abd-El-Barr M e Reynolds BA. (2011) The cancer stem cell hypothesis: Failures and pitfalls. *Neurosurgery*. ***68(2)***: 531-45.

Ren F, Sheng WQ e Du X. (2013) CD133: Um marcador de células estaminais cancerígenas, é utilizado em cancros colorrectais. *Jornal Mundial de Gastroenterologia* ***19(7)***: 2603-11.

Ricci-Vitiani L1, Lombardi DG, Pilozzi E, Biffoni M, Todaro M, Peschle C e De Maria R. (2007) Identification and expansion of human colon-cancer-initiating cells. *Nature* ***445(7123)***:111-5.

Rippon HJ e Bishop AE. (2004) Embryonic stem cells. *Cell Proliferation* ***37(1)***: 23-34.

Rivera C, Rivera S, Loriot Y, Vozenin MC e Deutsch E. (2011) Lung cancer stem cell: new insights on experimental models and preclinical data. *Jornal de oncologia* doi: 10.1155/2011/549181.

Robertson CA, Evans DH e Abrahamse H. (2009) Photodynamic therapy (PDT): a short review on cellular mechanisms and cancer research applications for PDT. *Journal of Photochemistry and Photobiology B*. **96(1)**: 1-8.

Roelandts R. (2002) The history of phototherapy: something new under the sun? *Journal of the American Academy of Dermatology* **46(6)**: 926-30.

Rossi DJ, Bryder D, Seita J, Nussenzweig A, Hoeijmakers J e Weissman IL. (2007) Deficiências na reparação de danos no ADN limitam a função das células estaminais hematopoiéticas com a idade. *Nature* **447(7145)**: 725-729.

Rossi DJ, Seita J, Czechowicz A, Bhattacharya D, Bryder D e Weissman IL. (2007) Hematopoietic stem cell quiescence attenuates DNA damage response and permits DNA damage accumulation during aging. *Cell Cycle* **6(19)**: 2371-2376.

Salama R, Tang J, Gadgeel SM, Ahmad A e Sarkar FH. (2012) Células estaminais do cancro do pulmão: progressos actuais e perspectivas futuras. *Journal of stem cell Research and Therapy S7:007.* doi:10.4172/2157-7633.S7-007.

Módulos de formação SEER. Cancro do pulmão Instituto Nacional do Cancro. (2015) Disponível: http://training.seer.cancer.gov/.

Sell S. (2004) Stem cell origin of cancer and differentiation therapy. *Revisões Críticas* em *Oncologia/Hematologia* **51**:1-28.

Sell S. (2005) Adult Stem Cell Plasticity (Plasticidade das células estaminais adultas). *Stem Cell Reviews* **1(1)**: 17.

Sharma A, Swarnalatha P e Bhardwaj J. (2015) Uma abordagem de previsão da área de cancro do pulmão com o total de mortes em todo o mundo causadas por cancro em cada ano, previsão de imagens de cancro do pulmão utilizando o algoritmo de saliência paralela. *Jornal Internacional de Pesquisa Avançada em Ciência e Engenharia.* **4(1)**: 90-97.

Silfvast WT. (2003) Lasers: Fundamentos da fotónica. Disponível em: https://spie.org/Documents/.../00%20STEP%20Module%2005.pdf

Singh SC, Haibo Z, Chunlei G e Weiping C. (2012) Lasers: fundamentos, tipos e operações, nanomateriais: processamento e caraterização com lasers. Disponível: www.wiley-vch.de/books/sample/3527327150_c01.pdf.

Singh SK, Clarke ID e Terasaki M. (2003) Identificação de uma célula estaminal cancerígena em tumores cerebrais humanos. *Cancer Research.* **63(18)**: 58215828.

SKUT1 (ATCC® HTB114™). (2015) Ficha de produto. Disponível: https://www.atcc.org/~/ps/HTB-114.ashx.

Smith A, Heath JK, Donaldson DD, Wong GG, Moreau J, Stahl M e Rogers D (1988) Inhibition of pluripotential embryonic stem cell differentiation by purified polypeptides. *Nature* **336(6200)**: 688-690.

Soeda A, Park M e Lee D. (2009) A hipóxia promove a expansão das células estaminais do glioma positivas para CD133 através da ativação de HIF1alpha. *Oncogene.* **28(45)**: 3949-3959.

Sommer AP, Pinheiro AL, Mester AR, Franke RP e Whelan HT (2011) Janelas bioestimuladoras na ativação por laser de baixa intensidade: lasers, scanners e o sistema de matriz de díodos emissores de luz da NASA. *Journal of clinical laser medicine and surgery* **19(1)**: 29-34.

Informações sobre células estaminais. (2014) Disponível: http://www.celltheraphyaristoloft.com/cell-treatment/stem-cell-info.

Strober W. (2001) Teste de exclusão da viabilidade celular com azul de Tripan. *Protocolos actuais em imunologia.* doi: 10.1002/0471142735.ima03bs21.

Stupp R, Monnerat C, Turrisi AT, Perry MC e Leyvraz S. (2004) Small cell lung cancer: state of the art and future perspectives. *Lung Cancer* **45**:105-111.

Sullivan JP, Spinola M, Dodge M, Raso MG, Behrens C, Gao B, Schuster K, Shao C, Larsen JE, Sullivan LA, Honorio S, Xie Y, Scaglioni PP, DiMaio JM, Gazdar AF, Shay JW, Wistuba II e Minna JD. (2010) A atividade da Aldeído Desidrogenase selecciona células estaminais de adenocarcinoma do pulmão dependentes da sinalização notch. *Cancer Research* **70(23)**: 9937-9948.

Sun J, Zhang C, Liu G, Liu H, Zhou C, Lu Y, Zhou C, Yuan L e Li X. (2012) Um novo péptido de ligação ao CD133 de ratinho, selecionado por exposição a fagos, inibe a motilidade das células cancerígenas *in vitro. Clinical and Experimental* Metastasis **29(3)**:185-196.

Sung JM, Cho HJ, Yi H, Lee CH, Kim HS, Kim DK, Abd El-Aty AM, Kim JS, Landowski CP, Hediger MA e Shin HC. (2008) Caracterização de uma população de células estaminais em células A549 de cancro do pulmão. *Biochemical and Biophysical Research Communications* **371(1)**:163-7.

Sung LY, Gao S, Shen H, Yu H, Song Y e Smith SL. (2006) Differentiated cells are more efficient than adult stem cells for cloning by somatic cell nuclear transfer. *Nature Genetics* **38(11)**: 1323-1328.

Sussman RT, Ricci MS, Hart LS, Sun SY e El-Deiry WS. (2007) A população lateral de células cancerígenas do cólon resistentes à quimioterapia tem uma maior sensibilidade ao TRAIL do que a população não resistente, uma maior expressão de c-Myc e do recetor TRAIL DR4. *Cancer Biology Therapy* **6(9)**:1490-1495.

Sutherland JC. (2002) Biological effects of polychromatic light (Efeitos biológicos da luz policromática). *Photochemistry and Photobiology*

76:164-70.

Takebe N e Ivy SP. (2010) Controversies in cancer stem cells: targeting embryonic signaling pathways. *Clinical Cancer Research* **16(12)** 3106-3112.

Takenobu H, Shimozato O, Nakamura T, Ochiai H, Yamaguchi Y, Ohira M, Nakagawara A e Kamijo T. (2011) CD133 suprime a diferenciação de células de neuroblastoma através da modificação da via de sinalização. *Oncogene* **30(1)**: 97-105.

Tan BT, Park CY, Ailles LE e Weissman IL (2006) The cancer stem cell hypothesis: a work in progress. *Laboratory Investigation* **86(12)**: 1203-1207

Tata DB e Waynant RW. (2011) Laser therapy: Uma revisão do seu mecanismo de ação e potenciais aplicações médicas. *Laser Photonics Reviews* **5(1)**: 1-12

TeKippe M, Harrison DE e Chen J. (2003) Expansão do fenótipo e da atividade das células estaminais hematopoiéticas em ratinhos Trp53-null. *Experimental Haematology* **31(6)**: 521-527.

Thomas R e Pruszak J. (2013) Investigação atual sobre células estaminais na doença de Parkinson: progressos e desafios. *Biologia das células estaminais e medicina regenerativa* **33**: 59-84

Tirino V, Camerlingo R, Franco R, Malanga D, La Rocca A, Viglietto G, Rocco G e Pirozzi G. (2009) The role of cd133 in the identification and characterisation of tumour-initiating cells in nonsmall-cell lung cancer. *European Journalof Cardio - Thoracic Surgery* ***36(3)**:* 446-53.

Tirino V, Desideri V, Paino F, Papaccio G e De Rosa M. (2012) Métodos de deteção e isolamento de células estaminais cancerígenas. *Métodos em Biologia Molecular* ***879***: 513-29.

Tsao AS. (2013) Lung carcinoma. Disponível:

http://www.merckmanuals.com.

University of Pittsburgh Schools of the Health Sciences (2007) Cancer stem cells similar to normal stem cells can thwart anticancer agents. Disponível em: http://www.sciencedaily.com /releases/2007/06/070615110244.

Van der Kooy D e Weiss S. (2000) Porquê células estaminais? *Science* ***287(5457)***: 1439-41.

Varricchio CG. (2004) American Cancer Society. In: A cancer source book for nurses, 8ª ed., Canadá, Jones and Bartlett Publishers, pp. 1-580.

Vermeulen L, De Sousa e Melo F, Richel DJ e Medema JP. (2012) O modelo de células estaminais cancerígenas em desenvolvimento: desafios e oportunidades clínicas. *Lancet Oncology* ***13(2)***: e83-89.

Vieyra DS, Jackson KA, Goodell MA. (2005) Plasticidade e potencial regenerativo de tecidos das células derivadas da medula óssea. *Stem Cell Reviews* **1(1)**: 65-9.

Virginia T, Rosa C, Renato F, Donatella M, La Roccae A, Giuseppe V, Gaetano R e Giuseppe P. (2009) The role of CD133 in the identification and characterisation of tumour-initiating cells in nonsmall-cell lung cancer. *European Journalof Cardio - Cirurgia Torácica* **36**:446-453.

Vladimirov YA, Osipov AN, Klebanov GI. (2003) Princípios fotobiológicos das aplicações terapêuticas da radiação laser. *Biochemistry (Mosc)* **69(1)**: 81-90

Wagers AJ e Weissman IL. (2004) Plasticity of adult stem cells (Plasticidade das células estaminais adultas). *Cell* **116(5)**: 639-648.

Wagers AJ, Sherwood RI, Christensen JL e Weissman IL. (2002)

Little evidence for developmental plasticity of adult hematopoietic stem cells. *Science* **297(5590)**: 2256-2259.

Wang P1, Gao Q, Suo Z, Munthe E, Solberg S, Ma L, Wang M, Westerdaal NA, Kvalheim G e Gaudernack G. (2013) Identificação e caraterização de células com propriedades de células estaminais cancerígenas em linhas celulares primárias de cancro do pulmão humano. *PLoS One* **8(3)**: e57020.

O que é uma célula estaminal pluripotente induzida? (2015) Disponível: http://readingroom.mindspec.org/?page_id=3585.

Willeit P, Willeit J, Mayr A, Weger S, Oberhollenzer F, Brandstatter A, Kronenberg F e Kiechl S. (2010) Telomere length and risk of incident cancer and cancer mortality. *The Journal of the American Medical Association* **304(1)**: 69-75.

Williams RL, Hilton DJ, Pease S, Willson TA, Stewart CI, Gearing DP, Wagner EF, Metcalf D, Nicola NA e Gough NM (1988) Myeloid leukaemia inhibitory fator maintains the developmental potential of embryonic stem cells. *Nature* **336(6200)**: 684-7.

Winston WT. (2015) Cancro do pulmão de pequenas células. Disponível: http://emedicine.medscape.com/article/280104-overview.

Yanaihara N, Caplen N, Bowman E, Seike M, Kumamoto K, Yi M, Stephens RM, Okamoto A, Yokota J, Tanaka T, Calin GA, Liu CG, Croce CM e Harris CC. (2006) Unique microRNA molecular profiles in lung cancer diagnosis and prognosis (Perfis moleculares únicos de microRNA no diagnóstico e prognóstico do cancro do pulmão). *Cancer Cell* **9(3)**:189-198.

Yin AH, Miraglia S e Zanjani ED. (1997) AC133, um novo marcador para células estaminais e progenitoras hematopoiéticas humanas.

Blood **90(12)** 5002-5012.

Yu H, Yuan Y, Shen H e Cheng T. (2006) Exaustão das células estaminais hematopoiéticas afetada por p18INK4C e p21Cip1/Waf1 de formas opostas. *Blood* **107(3)**: 1200-1206.

Yu W, Naim JO, McGowan M, Ippolito K e Lanzafame RJ. (1997) Photomodulation of oxidative metabolism and electron chain enzymes in rat liver mitochondria. *Photochemistry and Photobiology* **66(6)**: 866-71.

Yuan Y, Shen H, Franklin DS, Scadden DT e Cheng T. (2004) As divisões de auto-renovação *in vivo* das células estaminais hematopoiéticas aumentam na ausência do inibidor da fase G1 inicial, p18INK4C. *Nature Cell Biology* **6(5)**: 436-42.

MIX
Papier aus verantwortungsvollen Quellen
Paper from responsible sources
FSC® C105338

Printed by Books on Demand GmbH, Norderstedt / Germany